BestMasters

Mit „BestMasters" zeichnet Springer die besten Masterarbeiten aus, die an renommierten Hochschulen in Deutschland, Österreich und der Schweiz entstanden sind. Die mit Höchstnote ausgezeichneten Arbeiten wurden durch Gutachter zur Veröffentlichung empfohlen und behandeln aktuelle Themen aus unterschiedlichen Fachgebieten der Naturwissenschaften, Psychologie, Technik und Wirtschaftswissenschaften.

Die Reihe wendet sich an Praktiker und Wissenschaftler gleichermaßen und soll insbesondere auch Nachwuchswissenschaftlern Orientierung geben.

Cecilia Vallet

Analyse des tumorrelevanten Proteins Survivin

Molekulare Charakterisierung der Dimerisierung

Mit einem Geleitwort von Prof. Dr. Shirley Knauer

Cecilia Vallet
Essen, Deutschland

BestMasters
ISBN 978-3-658-08540-7   ISBN 978-3-658-08541-4 (eBook)
DOI 10.1007/978-3-658-08541-4

Die Deutsche Nationalbibliothek verzeichnet diese Publikation in der Deutschen Nationalbi-
bliografie; detaillierte bibliografische Daten sind im Internet über http://dnb.d-nb.de abrufbar.

Springer Spektrum

Gedruckt auf säurefreiem und chlorfrei gebleichtem Papier

Springer Fachmedien Wiesbaden ist Teil der Fachverlagsgruppe Springer Science+Business Media
(www.springer.com)

Geleitwort

Grundlage für eine langfristige Verbesserung des Behandlungserfolgs von Krebs ist ein molekulares Verständnis der Mechanismen, welche zur Krankheitsentstehung und Progression beitragen. In diesem Zusammenhang spielt vor allem der Prozess des programmierten Zelltods, der Apoptose eine wichtige Rolle. Neben den pro-apoptotischen Caspasen spielen in diesem stringent regulierten Prozess die anti-apoptotischen Mitglieder der hochkonservierten IAP (*Inhibitors of Apoptosis Proteins*)-Familie eine wichtige Rolle. Dem IAP Survivin wird eine entscheidende Rolle bei der Krebsentstehung sowie der Therapieresistenz zugeschrieben. Abgesehen von seiner Funktion als Apoptose-Inhibitor ist Survivin als Regulator der Zellteilung für eine korrekte Verteilung der Chromosomen verantwortlich, indem es als Teil des *Chromosomal Passenger Complex* (CPC) für dessen Anlagerung an die Zentromere sorgt. Für Survivin's duale Funktion ist ein intrinsisches nukleäres Exportsignal (NES) und dessen Interaktion mit dem Exportrezeptor Crm1 essentiell. Darüber hinaus liegt Survivin in Lösung als Dimer vor, allerdings sind die zugrundeliegenden molekularen Mechanismen sowie die biologische Funktion der Dimerisierung noch unverstanden.

So hat Frau Vallet zunächst die Auswirkungen einer Acetylierung an Lysin 129 auf die Dimerisierung anhand verschiedener Acetylierungs-Mutanten analysiert. Es gelang ihr, sehr zügig die rekombinante Expression der entsprechenden Proteine zu optimieren und so die verschiedenen Survivin-Varianten in ausreichender Menge und Qualität für die nachgeschalteten (struktur)biochemischen Analysen zu reinigen. Mittels Gelfiltrationsanalysen konnte Frau Vallet zeigen, dass entgegen bestehender Hypothesen eine Acetylierung an Position 129 keinen Einfluss auf das Dimerisierungs-Verhalten des Proteins zu haben scheint. Da das nukleäre Exportsignal (NES) von Survivin teilweise mit der Dimerisierungs-Stelle überlappt, wurden in die Analysen zusätzlich zwei unterschiedliche Export-defiziente Survivin-Mutanten, L96AL98A und F93PL96AL98A, miteinbezogen. So zeigte sich, dass diese Mutationen neben der Interaktion mit Crm1 auch die Homodimerisierung des rekombinanten Proteins verhindern, was allerdings in vorhergehenden zellbasierten Analysen nicht der Fall war. Da mittels CDspektroskopischer Analysen eine Mutations-induzierte Konformationsänderung des Proteins ausgeschlossen werden konnte, sollte dieses Phänomen Gegenstand weiterer Untersuchungen sein. Auch bezüglich ihrer Studien zum Survivin-Antagonisten S12, dessen Wirkmechanismus noch nicht vollständig geklärt ist, zeigte sich entgegen vorheriger Vermutungen, dass dieser Hemmstoff die Dimerisierung des rekombinanten Proteins nicht zu verhindern vermag. Zusätzlich gelang es Frau Vallet, die Methode des *Sensitized Emission* FRET-Assays zu etablieren, welcher ihr nun ermöglicht, im Rahmen ihrer Dissertation in unserer Arbeitsgruppe die Auswirkungen und die pathobiologische Bedeutung der Survivin-Dimerisierung in weiterführenden Experimenten *in vivo* zu untersuchen.

Darüberhinaus verfügen die Ergebnisse dieser Masterarbeit auch über ein hohes translationales Potenzial, da das Dimerisierungsverhalten von Survivin einen neuartigen wie vielversprechenden Angriffspunkt in der Krebstherapie darstellt. So bleibt der Arbeit von Cecilia Vallet zu wünschen, dass sie eine breite und fachlich interessierte Leserschaft findet.

Prof. Dr. Shirley Knauer

Institutsprofil

Das Zentrum für Medizinische Biotechnologie (ZMB) ist eine interdisziplinäre, zentrale Einrichtung der Universität Duisburg-Essen und vernetzt die Naturwissenschaften am Campus mit der anwendungsorientierten medizinischen Forschung am Universitätsklinikum Essen. Es wurde Anfang 2003 im Zuge der Fusion der Universitäten Duisburg und Essen mit dem Auftrag gegründet, die biomedizinische Forschung und Lehre an der Universität Duisburg-Essen zu stärken. Als interdisziplinäre Schnittstelle verbindet es die Medizin mit den naturwissenschaftlichen Fächern Biologie und Chemie. Das ZMB repräsentiert deshalb eine thematische und organisatorische Struktur für die Aktivitäten von derzeit über 60 Arbeitsgruppen in Essen.

Das ZMB betreibt eine an medizinischen Fragen orientierte Grundlagenforschung in den Bereichen Onkologie, Immunologie, Nanobiomedizin, Infektion und Transplantation. Um ein sehr genaues Verständnis pathologischer Prozesse zu erreichen besteht zusätzlich die Notwendigkeit, die Biochemie, Genetik, Entwicklungsbiologie, Molekular-und Zellbiologie unterschiedlichster Lebewesen im Detail zu untersuchen. Die durch diese interdisziplinären Ansätze gewonnenen Erkenntnisse sollen dazu beitragen, Volkskrankheiten zu verstehen, zu diagnostizieren und behandeln zu können.

Das ZMB unterstützt als einer der nur vier Profilschwerpunkte die internationale Sichtbarkeit der Universität und spielt eine Schlüsselrolle für die Qualität von Forschung und Ausbildung am Standort. Im Zuge der Entwicklung in ein modernes, forschungs-und drittmittelstarkes Zentrum wurden in den letzten Jahren viele fachlich aufeinander abgestimmte Professuren neu geschaffen und kompetent besetzt, so dass das ZMB nun ein weitreichendes Spektrum moderner biomedizinischer Forschungsthemen abdeckt. Als weitere wichtige Säule des Strategiekonzeptes fungieren leistungsstarke Technologie-Plattformen wie die *NMR Spectroscopy* und *Analytics Core Facility* Essen (ACE) sowie die beiden *Imaging Center* Essen (IMCES) und Campus Essen (ICCE). Gleichzeitig wurden zwei vollkommen neu konzipierte Studiengänge, Medizinische Biologie und Biologie im Bachelor und Master, äußerst erfolgreich etabliert. Das Zentrum kann seit seiner Gründung hohe Steigerungsraten im Drittmitteleinkommen wie auch in der Publikationsaktivität verbuchen, und ist an mehreren prestigeträchtigen Konsortialprojekten wie Sonderforschungsbereichen (SFBs) und Graduiertenkollegs der Deutschen Forschungsgemeinschaft DFG beteiligt.

Vorwort

Survivin ist in nahezu allen malignen Tumorerkrankungen überexprimiert und mit einer erhöhten Resistenz gegenüber Chemotherapie und Bestrahlungstherapie assoziiert. Eine Überexpression von Survivin wird mit einem schnelleren Fortschreiten der Erkrankung und einer geringeren Überlebensrate in Verbindung gebracht. Durch seine Rolle als Zellzyklus-Regulator und Apoptose-Inhibitor ist Survivin an zwei entscheidenden Prozessen der Onkogenese beteiligt. Zur Ausübung beider Funktionen bedarf es der Interaktion seines intrinsichen nukleären Exportsignals (NES) mit dem Kernexportrezeptor Crm1. Darüber hinaus liegt Survivin in Lösung als Dimer vor, wobei es sich bei der Homodimerisierung von Survivin und der Interaktion des Survivin-Monomers mit Crm1 um konkurrierende Prozesse zu handeln scheint. Jedoch ist bisher nicht genau verstanden, wie ein Wechsel zwischen der monomeren und der dimeren Form des Proteins reguliert ist und welche Bedeutung die Dimerisierung von Survivin für seine Funktionen in der Zelle hat. Im Rahmen dieser Arbeit wurde die Regulation der Dimerisierung von Survivin genauer untersucht. Hierzu wurden zum einen die Auswirkungen einer bereits beschriebenen Acetylierung an Lysin 129 anhand verschiedener Acetylierungs-Mutanten analysiert. Es wurde gezeigt, dass diese Acetylierung an Position 129 keinen Einfluss auf das Dimerisierungs-Verhalten des Proteins zu haben scheint. Des Weiteren wurde der Einfluss von Mutationen im NES von Survivin, welches mit der Dimerisierungs-Stelle des Proteins überlappt, anhand der NES-Mutanten L96AL98A und F93PL96AL98A untersucht. Durch die Analyse der Mutanten konnte gezeigt werden, dass die Mutationen im NES von Survivin neben der Interaktion mit Crm1 auch die Homodimerisierung des rekombinanten Proteins inhibieren. Zudem wurde in dieser Arbeit der Survivin-Antagonist S12, dessen Wirkmechanismus noch nicht vollständig geklärt ist, im Hinblick auf seinen Einfluss auf die Dimerisierung von Survivin untersucht. Es wurde gezeigt, dass dieser Hemmstoff keinen Einfluss auf die Dimerisierung des Proteins zu haben scheint. Zusätzlich wurde die Methode des *Sensitized Emission* FRET-Assays etabliert, um die Untersuchung einer Survivin-Dimerisierung *in vivo* zu ermöglichen.

Cecilia Vallet

Inhaltsverzeichnis

Abkürzungsverzeichnis

% (w/v)	Gewichtsprozent
% (v/v)	Volumenprozent
°C	Grad Celsius
µ	Mikro
A	Ampere
amp	Ampicillin
APS	Ammoniumpersulfat
AS	Aminosäure
BH	*Bcl-2 homology*
Bid	*BH3 interacting domain death agonist*
BIR	*Baculoviral IAP Repeat*
bp	Basenpaare
bzw.	beziehungsweise
CARD	*Caspase-associated recruitment domain*
Caspase	*Cysteinyl-aspartate-specific protease*
CD	Circulardichroismus
CD	*Cluster of Differenciation*
Cdk	*Cyclin-dependant kinase*
CFP	*Cyan fluorescent protein*
CP	*Cleavage* Puffer
CPC	*Chromosomal Passenger Complex*
Crm	*Chromosome maintenance region*
DISC	*Death-inducing Signaling Complex*
DMEM	*Dulbecco's Modified Eagle's Medium*
DMSO	Dimethylsulfoxid
DNA	Desoxyribonukleinsäure
dsDNA	Doppelsträngige DNA
DTT	Dithiothreitol
E. coli	*Escherichia coli*

EDTA	Ethylendiamintetraessigsäure
EMT	Epithelial mesenchymale Transition
et. al	und andere
FADD	*Fas-associated Death Domain*
FCS	fötales Kälberserum
FLIM	*Fluorescence Lifetime Imaging Microscopy*
for	*forward*
FRET	Föster-Resonanz-Energie-Transfer
g	Gramm
GAP	*GTPase activating protein*
GDP	Guanosindiphosphat
GEF	*Guanine nucleotide exchange factor*
GFP	*Green fluorescent protein*
GST	Glutathion-S-Transferase
GTP	Guanosintriphosphat
h	Stunde
HRP	Horseradish peroxidase
Hsp	*Heat shock protein*
IAP	*Inhibitor of apoptosis protein*
Ig	Immunglobulin
IGF	*Insulin-like growth factor*
INCENP	*Inner centromeric protein*
IP	Immunopräzipitation
IPTG	Isopropyl β D thiogalactopyranosid
ITC	Isotherme Titrationskalorimetrie
kan	Kanamycin
kDa	Kilodalton
l	Liter
LB	Luria-Bertani
LMB	Leptomycin B

m	Milli
M	Molar
min	Minute
n	Nano
NAG	N-Acetyl-Glucosamin
NAM	N-Acetyl-Muraminsäure
NES	Nukleäres Exportsignal
NF	*Nuclear factor*
NLS	Nukleäres Lokalisationssignal
NPC	*Nuclear pore complex*
OD	Optische Dichte
OptiMEM	optimiertes *Eagle Minimum Essential Medium*
PBS	*phosphate buffered saline*
PCR	Polymerasekettenreaktion
PEI	Polyetherimid
pH	*pondus hydrogenii*
PMSF	Phenylmethylsulfonylfluorid
PVDF	Polyvenylidendifluorid
Ran	*Ras-related nuclear protein*
re	*reverse*
RFP	*Red fluorescent protein*
RING	*Really interesting new gene*
RIP	*Receptor interacting protein*
RT	Raumtemperatur
s	Sekunde
s.	siehe
SDS	Sodiumdodecylsulfat
SOE-PCR	*Splice Overlap Extension PCR*
TAE	Tris-Acetat-EDTA Puffer
TBS	Tris buffered saline

TEMED	Tetramethylethylendiamin
TNF	Tumornekrosefaktor
TRADD	*TNF-R1-associated Death Domain protein*
TRAF	*TNF-R1-associated factor*
Tris	Tris-(hydroxymethyl)-aminomethan
ÜN	Über Nacht
UV	ultraviolett
V	Volt
WT	Wildtyp
YFP	*Yellow fluorescent protein*
z.B.	Zum Beispiel

Abbildungsverzeichnis

Alle Abbildungen sind unter dem Titel des Buches unter www.springer.com online
einsehbar.

Tabellenverzeichnis

Symbole für die proteinogenen Aminosäuren

A	Ala	Alanin
C	Cys	Cystein
D	Asp	Asparaginsäure
E	Glu	Glutaminsäure
F	Phe	Phenylalanin
G	Gly	Glycin
H	His	Histidin
I	Ile	Isoleucin
K	Lys	Lysin
L	Leu	Leucin
M	Met	Methionin
P	Pro	Prolin
Q	Gln	Glutamin
R	Arg	Arginin
S	Ser	Serin
T	Thr	Threonin
V	Val	Valin
W	Trp	Tryptophan
Y	Tyr	Tyrosin

1 Einleitung

1.1 Krebs

Der Begriff Krebs ist ein Sammelbegriff für eine Vielzahl maligner Tumorerkrankungen, bei denen Körperzellen unkontrolliert wachsen und gesundes Gewebe verdrängen und zerstören können.

Krebs ist keine Erkrankung der Neuzeit, sondern evolutionsgeschichtlich bereits sehr alt. Erste schriftliche Überlieferungen, in welchen die Erkrankung beschrieben wurde, sind auf das Jahr 3000 v.Chr. datiert (1). Rund 400 v.Chr. führte Hippokrates den Begriff „Krebs" bzw. „Karzinom" (griechisch: *Karkinos*) ein, da er die erweiterten Blutgefäße eines Tumors mit den Scheren eines Krebses verglich (1).

Krebs stellt eine der häufigsten Todesursachen dar. Im Jahr 2012 verstarben weltweit rund 8,2 Millionen Menschen an Krebs und 14,1 Millionen Neuerkrankungen wurden diagnostiziert (2). In Deutschland ist Krebs mit etwa 490.000 Neuerkrankungen und 221.000 Todesfällen pro Jahr die zweithäufigste Todesursache hinter Herz- und Kreislauferkrankungen (3). Aufgrund der immer älter werdenden Bevölkerung wird in den nächsten 40 Jahren mit einem Anstieg der Krebsrate um bis zu 30 % gerechnet (3). Zu den häufigsten Krebsarten bei Männern zählen Prostatakrebs (26,1 %), Lungenkrebs (13,9 %) sowie Darmkrebs (13,4 %). Bei Frauen ist Brustkrebs mit 31,3 % die am häufigsten auftretende Krebserkrankung. An zweiter Stelle steht Darmkrebs (12,7 %), gefolgt von Lungenkrebs (7,6 %) und Tumoren des Gebärmutterkörpers (5,1 %) (3).

Krebserkrankungen entstehen als Resultat einer Akkumulation spezifischer Mutationen in der DNA einer Zelle, die letztlich zu deren maligner Transformation führen (4, 5). Die Wahrscheinlichkeit an Krebs zu erkranken, nimmt mit dem Alter deutlich zu. Zudem können eine erbliche Prädisposition sowie verschiedene Umwelteinflüsse wie UV-Strahlung, Zigarettenrauch oder einige virale und bakterielle Infektionen das Krebsrisiko erhöhen (6).

Im Jahr 2000 veröffentlichten Hanahan und Weinberg das Modell der "*Hallmarks of Cancer*", welches die komplexen Veränderungen im Zuge einer malignen

Transformation einer Zelle auf sechs grundlegende Merkmale von Krebszellen reduziert, die im Jahr 2011 um vier weitere Merkmale ergänzt wurden (4, 7).

So ist ein wichtiges Merkmal von Krebszellen, dass sie sich selbst mit Wachstumssignalen versorgen können. Eine normale Zelle kann ohne externe mitogene Signale nicht proliferieren, während in Krebszellen Wachstumssignale häufig durch Onkogene nachgeahmt werden (4). Zusätzlich müssen Krebszellen resistent gegenüber wachstumshemmenden Signalen sein.

Zu den Eigenschaften von Krebszellen gehören weiterhin, dass sie dem programmierten Zelltod, der Apoptose, entgehen können und die Fähigkeit zur unaufhörlichen Replikation erlangen (4). Letzteres geschieht durch die Sicherung der Telomer-Integrität, die vor allem durch erhöhte Expression des Enzyms Telomerase erreicht wird (7).

In Bezug auf den Tumormetabolismus stellen die Sauerstoff- und Nährstoffversorgung der Zellen eine limitierende Wachstumsbarriere dar. Um eine ausreichende Versorgung von Tumoren ab einer Größe von etwa 100 μm zu gewährleisten, sind diese auf eine eigene Blutversorgung und damit auf die Angiogenese angewiesen. Zusätzlich kommt es zu einer Umstellung des Energiemetabolismus einiger Tumorzellen (4, 7).

Eines der Hauptmerkmale von Tumorzellen ist zudem die genomische Instabilität (7). In Tumorzellen kommt es hauptsächlich zu somatischen Mutationen auf Ebene einzelner Gene (z.B. Punktmutationen) oder der Chromosomen (z.B. Translokationen) (4). Die betroffenen Gene können dabei in drei Gruppen eingeteilt werden. Es kann einerseits zu Mutationen in sogenannten Proto-Onkogenen kommen, die eine Aktivitätssteigerung des Genproduktes bewirken (gain-of-function) und bei denen es sich in der Regel um dominante Mutationen handelt. Proto-Onkogene kodieren meist für Proteine, die bei der Zellteilung oder dem Zellwachstum eine Rolle spielen, wie etwa Transkriptionsfaktoren oder Wachstumsfaktoren (5, 8). Des Weiteren kann es durch Mutationen zu einer Funktionsabnahme (loss-of-function) der Genprodukte von Tumorsuppressor-Genen kommen. Einen maßgeblichen Einfluss auf die Tumorentstehung hat dies jedoch erst, wenn beide Allele des Gens betroffen sind (rezessive Mutation) (5, 8). Bei den Genprodukten von Tumorsupressor-Genen handelt es sich meist um

Proteine, welche die Apoptose fördern oder den Zellzyklus kontrollieren. Das bekannteste Beispiel ist der Tumorsupressor p53, welcher in gesunden Zellen bei irreparablen DNA-Schäden einen Zellzyklus-Arrest hervorruft und die Apoptose einleitet (8). Weiterhin können Mutationen zu einer Funktionsabnahme (*loss-of-function*) der Genprodukte von DNA-Reparaturgenen führen. Hierbei handelt es sich ebenfalls um rezessive Mutationen. Die Genprodukte von DNA-Reparaturgenen dienen der Erhaltung der Integrität der DNA, die durch das Auftreten von Mutationen gefährdet wird. Eine Funktionsabnahme dieser Proteine kann die Akkumulation von unterschiedlichen Mutationen, die für eine maligne Transformation essentiell sind, begünstigen und damit indirekt zur Tumorentstehung beitragen (5, 7, 8).

Ein weiteres wichtiges Merkmal, das in den letzten Jahren immer mehr in den Fokus der Forschung gerückt ist, ist die Bedeutung des Immunsystems bei der Tumorentstehung. So scheint zum einen eine Entzündungsreaktion, z.B. hervorgerufen durch eine Förderung der Angiogenese und Metastasierung, das Tumorwachstum zu begünstigen (7). Zum anderen müssen Tumorzellen aber auch einer Zerstörung durch das Immunsystem entgehen (*immunosurveillance*) (9–12).

Das wohl charakteristischste Merkmal eines malignen Tumors, welches stark mit der Mortalitätsrate in Zusammenhang steht, ist die Fähigkeit zur Metastasierung und Gewebsinvasion (4, 7, 13). Bei der epithelial-mesenchymalen Transition (EMT) wird vor allem dem Tumormikromilieu aus umgebenden Blutgefäßen, Immunzellen und anderen Faktoren eine immer größere Bedeutung zugeschrieben (7).

1.2 Apoptose

Unter Apoptose versteht man den programmierten Zelltod, der durch äußere oder zellinterne Prozesse ausgelöst werden kann. Die Apoptose ist von der Nekrose zu unterscheiden, welche den pathologischen Untergang von Zellen beschreibt und eine Entzündungsreaktion hervorruft.

Der Mechanismus der Apoptose wurde bereits 1842 erstmals durch Carl Vogt beschrieben (14). John Kerr führte schließlich 1972 den Begriff Apoptose ein, der sich von dem Wort „apoptōsis" (griechisch: Niedergang) ableitet (15).

Die Apoptose dient vor allem der Aufrechterhaltung des Gleichgewichts zwischen Zellproliferation und Zelluntergang in Geweben sowie der Eliminierung infizierter oder mutierter Zellen, wodurch Apoptose im direkten Zusammenhang mit der Entstehung von Krebs steht (7, 8, 16–18). Apoptose spielt zudem eine wichtige Rolle in der Embryonalentwicklung, z.B. bei der Degeneration der Interdigitalhäute zur Entwicklung der Finger, sowie in der T- und B-Zell-Entwicklung.

Der Vorgang der Apoptose ist morphologisch durch das Schrumpfen der Zelle, die Kondensation und Fragmentierung der nukleären DNA sowie den Kontaktverlust der Zelle zum restlichen Gewebe gekennzeichnet (19). Es kommt außerdem zur Externalisierung von Phosphatidylserin („eat me" signal), wodurch die Phagozytose durch Nachbarzellen gefördert wird, und zur Aktivierung der Caspase (cysteinyl-aspartate specific protease)-Kaskade, die den Abbau zellulärer Proteine bewirkt (8, 17, 19). Bei den Caspasen handelt es sich um Aspartat-spezifische Cysteinproteasen, welche als inaktive Vorstufen (Zymogene), den sogenannten Pro-Caspasen, exprimiert werden. Man unterscheidet zwischen Initiator- (Caspasen 2, 8, 9, 10) und Effektor-Caspasen (Caspasen 3, 6, 7). Eine Aktivierung erfolgt durch die Abspaltung der N-terminalen Domäne und der Zusammenlagerung zu proteolytisch aktiven Heterotetrameren aus je zwei N-terminalen und zwei C-terminalen Fragmenten (8, 17).

Die Apoptose kann über zwei verschiedene Signalwege induziert werden: Den extrinsischen, Todesrezeptor-abhängigen Signalweg und den intrinsischen, mitochondrialen Signalweg.

Der extrinsische Signalweg wird durch Ligandenbindung an einen Rezeptor der TNF-Familie (z.B. Fas) initiiert. Handelt es sich bei den Liganden um FasL bzw. TRAIL (TNF-related apoptosis-inducing ligand), kommt es durch die Ligandenbindung zu einer Oligomerisierung des jeweiligen TNF-Rezeptors (Fas bzw. DR4/5), wodurch die Bildung eines DISC-Komplexes (Death Inducing Signaling Complex), bestehend aus dem Adapterprotein FADD (Fas Associated Death Domain) sowie der Procaspase 8, eingeleitet wird. Es findet eine

Aktivierung der Procaspase 8 statt, was die Spaltung der Procaspasen 3, 6 und 7 bewirkt (8, 18, 19). Diese wirken dann als Effektoren der Apoptose, indem sie zelluläre Proteine abbauen und die Degradation der DNA durch DNasen ermöglichen (8). Die TNF-α vermittelte Apoptose verläuft größtenteils ähnlich. Nach Trimerisierung des TNF-Rezeptors bildet sich ein Komplex aus TRADD (*TNF-R1-associated death domain protein*), TRAF2 (*TNF-R1-associated factor 2*) und RIP1 (*receptor-interacting protein 1*), welcher wiederum die Aktivierung von Caspase 8 einleitet (18).

Der intrinsische Signalweg wird durch verschiedene intrazelluläre Stresssignale wie Hypoxie oder virale Infektionen aktiviert (20). Diese Signale bewirken eine Anlagerung von BH123-Proteinen, wie z.B. Bax, Bad und Bak, die zur Bcl-2-Familie gehören, an die äußere Mitochondrienmembran (8). Die Membranpermeabilität wird so erhöht, und proapoptotische Faktoren wie Smac/DIABLO und Cytochrom C gelangen ins Zytoplasma (21). Im Zytoplasma formt Cytochrom C zusammen mit Apaf-1 und der aktivierten Caspase 9 das Apoptosom, welches die Effektor-Caspasen 3, 6 und 7 aktiviert (22). Es folgt, wie beim extrinsischen Signalweg, die Degradation zellulärer Proteine und der Abbau der DNA.

Die Apoptose kann auf verschiedenen Ebenen reguliert werden. Der intrinsische Weg der Apoptose wird vor allem durch Bcl-2-Proteine reguliert. Liegt kein apoptotischer Stimulus vor, so werden die proapoptotischen BH123-Proteine an der äußeren Mitochondrienmembran durch antiapoptotische Bcl-2-Proteine gebunden und somit gehemmt. Liegt ein apoptotischer Stimulus vor, so werden BH3-only-Proteine aktiviert, die ebenfalls zur Familie der Bcl-2-Proteine zählen. Die BH3-only-Proteine binden an die antiapoptotischen Bcl-2-Proteine, sodass diese nicht mehr in der Lage sind, die BH123-Proteine zu hemmen, die daraufhin den intrinsischen Weg der Apoptose einleiten.

Auf Ebene der Caspasen kann die Apoptose durch die Mitglieder der *Inhibitor of Apoptosis Proteins* (IAPs)-Familie inhibiert werden. Bisher konnten beim Menschen acht verschiedene IAPs identifiziert werden. Charakteristisch für diese Proteinfamilie ist das Vorhandensein von mindestens einer BIR (*Baculoviral IAP Repeat*)-Domäne, die aus etwa 70 Aminosäuren besteht und eine Zinkfinger-

Domäne besitzt. Über die BIR-Domäne können IAPs Proteasen, wie z.B. Caspasen, binden und inhibieren. Zusätzlich können IAPs eine CARD (*Caspase-assosiated Recruitment Domain*) und eine RING (*Really Interesting New Gene*)-Domäne besitzen. Die CARD ist eine Domäne, die ebenfalls der Bindung von Caspasen dient und zu deren Inhibition beiträgt, während die RING-Domäne eine E3-Ligase-Funktion besitzt, wodurch sie ihre Substrate (z.B. Caspasen) ubiquitinylieren kann, sodass diese im Proteasom degradiert werden (23), (24).

1.3 Zellzyklus

Der Zellzyklus lässt sich in drei wesentliche Abschnitte unterteilen: die Interphase, die Mitose und die Zytokinese (8).

Die Interphase beschreibt den Zeitraum zwischen zwei Kernteilungen. Sie kann wiederum in drei Phasen, die G_1-, die S- und die G_2-Phase unterteilt werden. Die G_1-Phase schließt sich direkt an die Zellteilung an. In dieser Phase erfolgen hauptsächlich die Bildung von Zellorganellen und die Synthese von Proteinen. In der S-Phase findet die Replikation der DNA statt, sodass anschließend ein diploider Chromosomensatz vorliegt. In der G_2-Phase wird überprüft, ob die Chromosomenverdopplung vollständig und fehlerfrei abgeschlossen wurde. Zudem finden hier vermehrt das Zellwachstum und die Proteinbiosynthese statt, um die Zelle so auf eine erneute Teilung vorzubereiten. Ausdifferenzierte oder nicht mehr teilungsfähige Zellen können in eine Ruhephase, die sogenannte G_0-Phase, übergehen, in der sie entweder verbleiben oder von der sie erneut in die G_1-Phase übergehen können (8, 25).

Die Mitose gliedert sich in die Abschnitte Prophase, Prometaphase, Metaphase, Anaphase und Telophase. In der Prophase kondensiert das Chromatin, die Zentrosomen wandern zu den entgegengesetzten Polen des Nukleus und der Spindelapparat formiert sich zwischen den beiden Zentrosomen. In der Prometaphase kommt es zum Zerfall der Kernmembran. Die Chromosomen werden über die Kinetochore mit dem Spindelapparat verbunden. In der Metaphase sind die Chromosomen auf der Äquatorialebene zwischen den beiden Spindelpolen angeordnet. Während der Anaphase kommt es dann zur Trennung der beiden Chromatiden eines Chromosoms und zu deren Wanderung zu den jeweils gegenüberliegenden Spindelpolen. Die getrennten Chromatiden dekondensieren in der Telophase und um jedes Set an Chromatiden wird eine neue Kernmembran gebildet (8, 26).

In der Zytokinese erfolgt eine Teilung der Zelle in zwei Tochterzellen. Hierbei kommt es zur Bildung eines kontraktilen Rings, bestehend aus Aktin- und Myosinfilamenten, welcher die Zelle in zwei Teile teilt (27).

Der Ablauf des Zellzyklus wird an verschiedenen Kontrollpunkten (*checkpoints*) überwacht, so dass die nächste Phase des Zellzyklus erst dann eingeleitet wird, wenn die vorangegangene Phase fehlerfrei abgeschlossen ist (8, 25). Im Laufe des Zellzyklus kommt es zu einer fortlaufenden Aktivierung und Deaktivierung einer Serie von Zellzyklus-Regulatoren, den sogenannten Cyclin-abhängigen-Kinasen (Cdks; engl.: *Cyclin dependent kinases*). Bislang sind sieben verschiedene Cdks bekannt, welche während des Zellzyklus konstant exprimiert werden und durch verschiedene Enzyme und Proteine reguliert werden. Die wichtigsten Cdk-Regulatoren sind die Cycline. Durch eine Bindung aktivieren sie bestimmte Cdks zu verschiedenen Phasen des Zellzyklus, wodurch es zum Fortschreiten des Zellzyklus kommt (28). Die Cycline werden zellzyklusabhängig synthetisiert und degradiert. G_1/S-Cycline dienen dem Eintritt der Zelle in die S-Phase. Sie werden hauptsächlich in der G1-Phase synthetisiert und beim Übergang in die S-Phase über einen Ubiquitinylierungs-Schritt degradiert. S-Cycline tragen dazu bei, die Replikation der Chromosomen einzuleiten, und einige frühe mitotische Vorgänge zu kontrollieren. Sie werden während der gesamten Interphase stabil exprimiert und in der frühen M-Phase abgebaut. M-Cycline aktivieren Cdks, welche die Einleitung der Mitose am G_2/S-Kontrollpunkt bewirken, und werden in der Mitte der M-Phase wieder degradiert (8, 29).

Bei der Mitose und der Zellteilung handelt es sich um komplexe Prozesse, die genau reguliert werden müssen. Hierbei ist der korrekte Ablauf der einzelnen Schritte von essentieller Bedeutung. Kommt es zu Fehlern, so kann dies während der Embryonalentwicklung zur Entstehung vielfältiger genetischer Erkrankungen wie der Trisomie 21 oder dem Klinefelter-Syndrom führen (30, 31). Zu einem späteren Zeitpunkt in der Entwicklung kann die Entstehung von Krebs durch fehlerhafte Mitose begünstigt werden (4, 7).

Einer der wichtigsten Regulatoren des Zellzyklus ist der *Chromosomal Passenger Complex* (CPC). Er setzt sich aus den Proteinen INCENP (engl.: *Inner centromeric protein*), Borealin, Survivin und der Aurora B-Kinase zusammen und kontrolliert verschiedene Prozesse bei der Mitose und der Zellteilung (26).

Der CPC lokalisiert in der Mitose zu verschiedenen Zeitpunkten an unterschiedliche Positionen. Seine Aufgabe ist es, Chromosomen-Mikrotubuli-Anheftungsfehler zu korrigieren, den Spindel-Assemblierungs-Checkpoint zu aktivieren und den kontraktilen Apparat, der die Zytokinese antreibt, zu konstruieren und zu regulieren (32). Zu Beginn der Mitose, in der Prophase, lokalisiert der CPC an den Chromosomenarmen. Hier trägt der Komplex zur Relaxierung der Bindung zwischen den Chromosomenarmen und der Chromatin-Organisation bei. Während der Prometa- und Metaphase konzentriert sich der CPC am inneren Zentromer und ist an der Mikrotubuli-Kinetochor-Interaktion sowie der Kontrolle des Spindel-Assemblierungs-Checkpoints beteiligt. Dies geschieht vor allem durch die Phosphorylierung zahlreicher Schlüsselproteine des Kinetochor-Komplexes durch die Aurora B-Kinase. Zu Beginn der Anaphase dissoziiert Survivin vom Zentromer und es erfolgt eine Assemblierung des CPCs an der Spindelmittelzone. Hier ist der CPC am Auf- und Abbau der zentralen Spindeln beteiligt. Während der Telophase und der Zytokinese lokalisiert der CPC an der Spaltungsfurche und trägt zur Abschnürung der beiden entstehenden Tochterzellen bei (33–35).

1.4 Kerntransport

Zwischen Zellkern und Zytoplasma findet ein ständiger Transport statt. So müssen viele Proteine, die Funktionen im Zellkern übernehmen, nach erfolgter Proteinbiosynthese im Zytoplasma in den Zellkern importiert werden. Ebenso müssen im Kern synthetisierte RNAs aus dem Zellkern in das Zytoplasma exportiert werden. Zellkern und Zytoplasma sind durch die Kernhülle voneinander getrennt. Hierbei handelt es sich um eine Doppelmembran, welche von etwa 3000-4000 Kernporenkomplexen (NPCs, *nuclear pore complexes*) durchbrochen ist, an denen ein hoch-selektiver Materialaustausch stattfindet (36). Jeder NPC kann in beide Richtungen etwa 500 Moleküle pro Sekunde transportieren (8).

Ein NPC besteht aus vier Elementen: den Säulenuntereinheiten, welche die Wände der Kernpore auskleiden; dem inneren Ring, der sich zentral in der Pore befindet; den luminalen Untereinheiten, welche die Kernpore in der Membran verankern und den Ringuntereinheiten, die sich an der nukleären und zytosolischen Seite des NPCs befinden. Zudem ragen Fibrillen ausgehend vom NPC ins Zytosol und in den Zellkern. Auf der Seite des Kerns bilden die Fibrillen den sogenannten Kernporenkorb. Insgesamt besteht der NPC aus etwa 30 verschiedenen Proteinen, die als Nukleoporine (NUPs) bezeichnet werden und sich durch zahlreiche Phenylalanin- und Glycin (FG)-reiche Sequenzen auszeichnen (37–39).

In einem der bekanntesten Modelle des NPC wird davon ausgegangen, dass durch hydrophobe Interaktionen der Phenylalanin- und Glycin-reichen Sequenzen der Proteine ein dreidimensionales Netzwerk („Hydrogel") entsteht, das als eine Art molekulares Sieb fungiert und nur für Moleküle bis zu einer bestimmten Größe frei passierbar ist (40). Kleine Moleküle von bis zu 20 kDa können passiv durch das Hydrogel diffundieren. Auch Proteine einer Größe von bis zu 60 kDa können, je nach Ladung und Struktur, passiv diffundieren (41). Größere Proteine können das Gel nur durch eine Bindung an Transportrezeptoren passieren, welche die hydrophoben Wechselwirkungen zwischen den NUPs lösen und so die Kernpore passieren können (42). Die Transportrezeptoren interagieren hierzu mit intrinsischen Aminosäuresequenzen der Proteine. Sequenzen, die den Kernimport vermitteln, werden als nukleäre Lokalisationssignale (NLS) bezeichnet und sind meist Lysin- und Arginin-reich. Nukleäre Exportsignale (NES) vermitteln den Kernexport und bestehen üblicherweise aus Leucin-reichen Sequenzen. Die Transportrezeptoren werden je nach Funktion als Importine, Exportine oder Transportine (bidirektionale Transportfunktion) bezeichnet und gehören zur Familie der β-Karyopherine (43). Die GTPase Ran liefert die nötige Energie für den Transport und legt die Richtung des Transports durch die NPCs fest. Ran agiert hierbei als molekularer Schalter, der in einer aktiven GTP- oder einer nicht aktiven GDP-gebundenen Form vorliegen kann. Der Wechsel zwischen den beiden Formen wird durch die regulatorischen Proteine GAP (*GTPase activating*

protein) und GEF (*Guanine nucleotide exchange factor*) herbeigeführt. GAP
bewirkt die hydrolytische Spaltung von GTP und somit die Umwandlung von Ran-
GTP zu Ran-GDP, während GEF die Umwandlung von Ran-GDP zu Ran-GTP
auslöst. Da GAP im Zytoplasma und GEF im Zellkern lokalisiert ist, liegt im
Zytoplasma hauptsächlich Ran-GDP und im Zellkern Ran-GTP vor. So kommt es
zur Entstehung eines Gradienten, welcher die Transportrichtung festlegt. Beim
Kernimport binden die Importrezeptoren Proteine mit einem NLS und wandern
entlang der FG-Wiederholungen des NPC in den Zellkern. Dort kommt es durch
Bindung von Ran-GTP zur Dissoziation des Frachtproteins, woraufhin der
Importrezeptor zurück ins Zytoplasma wandert. Dort findet die Hydrolyse von Ran-
GTP statt. Ran-GDP bindet nicht an die Transportrezeptoren und löst sich somit
vom Importrezeptor ab, der daraufhin für einen erneuten Kernimport bereitsteht (8,
44). Der Kernexport verläuft auf ähnliche Weise, jedoch in umgekehrter Richtung.
Hier fördert die Bindung von Ran-GTP an den Exportrezeptor die Bindung an das
NES eines Frachtproteins. Nach dem Durchtritt ins Zytoplasma werden durch die
Hydrolyse von Ran-GTP sowohl Ran-GDP als auch das Frachtprotein ins
Zytoplasma freigesetzt (8, 44).

1.5 Survivin

Survivin (BIRC5) wurde zunächst mit einer Länge von 142 Aminosäuren und
einem Molekulargewicht von 16,5 kDa als das kleinste Mitglied der IAP-Familie
beschrieben (s. Abbildung 1). Das humane *BIRC5*-Gen ist auf Chromosom 17
(17q25) lokalisiert. Neben der Wildtyp-Form existieren vier Spleißvarianten (2α-
Survivin, 2B-Survivin, 3B-Survivin und Survivin-Δ3), die teilweise ähnliche, jedoch
auch völlig unterschiedliche Funktionen ausüben können (45–49). Survivin besitzt
eine N-terminale BIR-Domäne, jedoch keine für die Familie der IAPs typische
RING-Domäne. Stattdessen befindet sich am C-Terminus eine verlängerte α-Helix
(s. Abbildung 1). Ein intrinsisches NES ermöglicht einen aktiven Export aus dem
Zellkern durch den Exportrezeptor Crm1 (*Chromosome maintainance region 1*),
während der Kernimport aufgrund der geringen Größe von Survivin passiv erfolgt.
Anhand seiner Lokalisation unterscheidet man zwischen nukleärem,
zytoplasmatischem und mitochondrialem Survivin (50).

Die Expression von Survivin ist in gesunden Zellen zellzyklusabhängig reguliert (51, 52). Sie steigt in der G_2-Phase an und erreicht ein Maximum im Übergang von der G_2- zur M-Phase. Die Regulation der Expression und Stabilität des Proteins erfolgt auf verschieden Ebenen, worunter die Transkription, die Translation und der Abbau des Proteins zählen. Auf Ebene der Transkription kommt es durch den *nuclear factor-κB* (NF-κB) zu einer Steigerung und durch die Transkriptionsfaktoren p53 und p75 zu einer Hemmung der Transkription (53, 54). Eine Stabilisierung der Survivin-mRNA kann durch den *insulin-like growth factor 1* (IGF-1) erfolgen (55). Nach abgeschlossener Zellteilung kommt es zu einem Abbau des Proteins durch Ubiquitinylierung und Degradation im Proteasom. Diese Degradation kann durch die Interaktion von Survivin mit dem *Heat shock protein 90* (Hsp90) verzögert werden (56, 57).

Neben seiner Rolle als zytoplasmatischer Apoptose-Inhibitor hat Survivin eine weitere biologische Funktion inne: als Mitoseregulator ist es im Zellkern für den korrekten Ablauf von Chromosomensegregation und Zellteilung verantwortlich (58).

Nukleäres Survivin erreicht in der G_2/M-Phase sein Expressionsmaximum. Als essentielles Mitglied des CPC ist Survivin im Verlauf des Zellzyklus an der Korrektur von Chromosomen-Mikrotubuli-Anheftungsfehlern, der Aktivierung des Spindel-Assemblierungs-Checkpoints sowie der Formation des kontraktilen Apparats beteiligt (32) (s. Abschnitt 1.3). Ein Survivin-Mangel führt in Zellen zu einer inkorrekten Trennung der Chromosomen oder auch zum Zellzyklus-Arrest innerhalb der Mitose (59). Um seine Funktionen in der Regulation des Zellzyklus erfüllen zu können, scheint, wie beim Kernexport von Survivin, eine Interaktion mit dem Rezeptor Crm1 zur korrekten Zentromerlokalisation notwendig zu sein (60).

Die zytoprotektiven Eigenschaften werden vor allem mit dem mitochondrialen und zytoplasmatischen Pool von Survivin in Verbindung gebracht (59, 61). Die molekularen Mechanismen, die zur anti-apoptotischen Funktion von Survivin beitragen, sind jedoch noch nicht vollständig aufgeklärt. Da Survivin die für die direkte Interaktion mit Caspasen nötige RING-Domäne fehlt, wird davon ausgegangen, dass es durch Interaktion mit anderen Proteinen der IAP-Familie oder durch direkte Interaktion mit Smac/DIABLO die Caspase-abhängige Apoptose inhibiert (62). Zudem scheint Survivin auch in der Lage zu sein, die

Caspase-unabhängige Apoptose durch das Verhindern der Freisetzung pro-apoptotischer Faktoren aus dem Mitochondrium zu inhibieren (61). In Lösung liegt Survivin als Homodimer vor, bei der Interaktion mit Crm1, im CPC und bei der Ausübung seiner anti-apoptotischen Funktionen agiert es jedoch vermutlich als Monomer (61). Bei der Dimerisierung und der Interaktion von Survivin mit Crm1 scheint es sich um konkurrierende Prozesse zu handeln (63). Die Regulation der Dimerisierung von Survivin ist noch nicht vollständig verstanden. Es gibt allerdings Hinweise darauf, dass die Acetylierung von Survivin an Lysin 129 dabei eine Rolle spielen könnte (64).

Durch seine Rolle bei der Kontrolle von Zellzyklus und Apoptose, zweier entscheidender Prozesse in der Onkogenese, hat Survivin eine gesteigerte Bedeutung für die Krebsforschung gewonnen (59, 65). Im gesunden Gewebe wird Survivin vor allem in der Embryonalentwicklung stark exprimiert, wenn es an der Differenzierung von Zellen beteiligt ist. Ansonsten ist Survivin im gesunden, ruhenden Gewebe nur in sehr geringen Mengen vorhanden und lediglich im Thymus, CD34$^+$ Knochenmarkstammzellen, den basalen Epithelzellen des Darms und der Magenschleimhaut nachzuweisen (66–69). Im Gegensatz dazu ist Survivin in nahezu allen malignen Tumoren überexprimiert und stellt somit ein vielversprechendes Target in der Krebstherapie dar (59). Mehrere Studien haben gezeigt, dass eine erhöhte Survivin-Expression mit einem schnellen Fortschreiten der Erkrankung und einer erhöhten Therapieresistenz einhergeht (70–73). Die subzelluläre Lokalisation scheint hierbei ebenfalls einen Einfluss auf den Krankheitsverlauf und die Prognose zu haben (74). So ist eine vorwiegend nukleäre Lokalisation des Proteins mit einem günstigeren Krankheitsverlauf und verminderter Chemotherapie-Resistenz assoziiert.

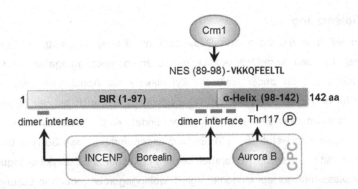

Abbildung 1: Schematische Darstellung der Domänenorganisation von Survivin

Survivin weist eine N-terminale BIR-Domäne (grün) und eine C-terminale α-Helix (blau) auf. Das intrinsische *nuclear export signal* (NES) (rot), welches die Interaktion mit dem Exportrezeptor Crm1 (grau) vermittelt, überlappt teilweise mit der Dimerisierungsstelle (rot). Survivin interagiert zudem mit den Mitgliedern des *Chromosomal Passenger Complex* (CPC): INCENP, Borealin und Aurora B (alle grau) und wird innerhalb der α-Helix, am Thyrosin 117, durch die Aurora B-Kinase phosphoryliert (nach Elisabeth Schröder und Britta Unruhe).

1.6 Zielsetzung

Survivin erfüllt in der Zelle eine Doppelfunktion: Es ist einerseits im Zellkern essentiell für den korrekten Ablauf der Chromosomensegregation und der Zellteilung und wirkt andererseits im Zytoplasma als Apoptose-Inhibitor (60). Sowohl für den Export von Survivin ins Zytoplasma als auch bei der Ausübung seiner Funktion als Zellzyklus-Regulator findet eine Interaktion mit dem Exportrezeptor Crm1 statt (58, 60). Es wird angenommen, dass Survivin bei der Interaktion mit Crm1 sowie im Rahmen seiner Funktionen als Zellzyklus-Regulator und Apoptose-Inhibitor als Monomer agiert, wohingegen es jedoch in Lösung als Homodimer vorliegt (61, 75). Jedoch ist bisher nicht genau verstanden, wie ein Wechsel zwischen der monomeren und der dimeren Form des Proteins reguliert ist und welche Bedeutung die Dimerisierung des Proteins für seine Funktionen in der Zelle innehat.

Im Rahmen dieser Arbeit sollte die Dimerisierung von Survivin genauer untersucht werden. Hierzu sollten die Bedeutung einer Acetylierung an Lysin 129 und die Auswirkungen von Mutationen im Bereich des nukleären Exportsignals (NES) auf die Dimerisierung des Proteins mittels Gelfiltration analysiert werden. Zudem sollte der Effekt des Survivin-Antagonisten S12 auf die Dimerisierung des Proteins untersucht, und der *Sensitized Emission* FRET-Assay als mögliche Methode zur Untersuchung der Survivin-Dimerisierung in der natürlichen Umgebung einer Zelle etabliert werden.

2 Material

2.1 Geräte

Im Nachfolgenden sind die standardmäßig verwendeten Laborgeräte aufgelistet.

Tabelle 1: Laborgeräte

Gerät	Hersteller
Agarosegelkammer	Peqlab Biotechnologie GmbH
Begasungsbrutschrank Modell INC153	MemmerT GmbH & Co. KG
BioPhotometer Plus	Eppendorf AG
CD-Spektrometer Jasco J-710 CD S	Jasco Inc
Chemie-Pumpstand	VACUUBRAND GmbH & Co. KG
Chromatographiesäule Superdex 75 10/300 GL	GE Healthcare Life Sciences
CO_2-Inkubatoren	Binder GmbH
Entwicklermaschine CAWOMAT 2000 IR	CAWO Photochemisches Werk GmbH
Flüssigchromatographieanlage ÄKTApurifier	GE Healthcare Life Sciences
Forma Orbital Shaker Model 420 Series	Thermo Fisher Scientific
Gefrierschrank (-20°C) Liebherr Premium BioFresh	Liebherr GmbH
Gefrierschrank (-80°C) FORMA 900S-RIFS	Thermo Fisher Scientific
Gel-Dokumentations-System E-Box VX2	Vilber Lourmat Deutschland GmbH
Heizplatte	MEDAX GmbH & Co. KG
Heizplatte	Gesellschaft für Labortechnik mbH
inverses Epifluoreszenzmikroskop Olympus-CKX41	Olympus Europa SE & Co. KG
Kühlschrank Liebherr Comfort	Liebherr GmbH
Kühlschrank Liebherr Medline	Liebherr GmbH
Labor-pH/mV/°C Meter mit Mikroprozessor	HANNA Instruments Deutschland GmbH
Laserscanning Mikroskop TCS SP5	Leica Microsystems GmbH

Magnetrührer Hei-Mix L	Heidolph Instruments GmbH & Co. KG
Magnetrührer HI 180	HANNA Instruments Deutschland GmbH
Manuelle Pipetten Pipetman P, Neo (10 µl, 20 µl, 100 µl, 200 µl, 1000 µl)	Gilson International B.V.
Mikroliterrotor 24x2 ml und PCR-Rotor	Thermo Electron Corporation
Mikroskop Primo Vert	Carl Zeiss
Mikrowelle 800 Watt	SEVERIN Elektrogeräte GmbH
Mini-Zentrifuge Spectrafuge	Labnet International Inc.
Multipipette Plus	Eppendorf AG
Nanodrop Spectrophotometer ND-1000	Peqlab Biotechnologie GmbH
Orbital-Schüttler POS-300	Grant Instruments Ltd.
Pipettierhilfe Pipetus	Hirschmann Laborgeräte GmbH & Co. KG
Polyacrylamidgelelektrophoresekammer Mini-Protean Tetra Cell	BioRad Laboratories GmbH
Präzisionswaage	Kern & Sohn GmbH
Rotator PTR-30	Grant Instruments Ltd.
Schüttler ST5	neoLab Migge Laborbedarf-Vertriebs GmbH
SDS-Gelgießkammer	BioRad Laboratories GmbH
Sicherheitswerkbank NuAire NU-437-400E	INTEGRA Biosciences GmbH
Sicherheitswerkbänke HERAsafe	Thermo Fisher Scientific
Spannungsgerät Peqpower 300	Peqlab Biotechnologie GmbH
Spannungsgerät PowerPac Basic	BioRad Laboratories GmbH
Sterilbank UV Sterilizing PCR Workstation	Peqlab Biotechnologie GmbH
Thermoblock	Eppendorf AG
Thermocycler TProfessional standard gradient 96	Biometra GmbH
Thermodrucker DPU-414	Seiko Instruments Inc.
Thermodrucker P95D	Mitsubishi Chemical Europe GmbH

Thermomixer Comfort	Eppendorf AG
ThermoMixer MHR 11	HLC BioTech
Ultraschallhomogenisator Sonopuls HD2200	BANDELIN electronic GmbH & Co. KG
Ultraschallhomogenisator Sonopuls mini20	BANDELIN electronic GmbH & Co. KG
Vakuum-Sicherheits-Absaugsystem AZ 02	HLC BioTech
Vortexer PV-1	Grant Instruments Ltd.
Vortexer Vortex-Genie 2	Scientific Industries
Wasserbad 1002-1013	Gesellschaft für Labortechnik mbH
Zentrifuge 5417 C/R	Eppendorf AG
Zentrifuge Allegra X-22	Beckman Coulter GmbH
Zentrifuge ROTINA 380/380 R	Andreas Hettich GmbH & Co. KG

2.2 Verbrauchsmaterialien

Nachfolgend sind die standardgemäß verwendeten Verbrauchsmaterialien aufgelistet.

Tabelle 2: Verbrauchsmaterialien

Material	Hersteller
6-Well Zellkultur-Platten	SARSTEDT AG & Co.
8-Well Glasboden-Platten (170 µm)	Ibidi GmbH
96-Well Rundboden-Platten	SARSTEDT AG & Co.
Becchergläser (50 ml)	VWR International GmbH
Erlenmayerkolben (25 ml, 50 ml)	Technische Glaswerke Ilmenau GmbH
Erlenmayerkolben (250 ml, 500 ml)	DURAN Group GmbH
Filter-Aufsatz (250 ml)	TPP Techno Plastic Products AG
Mikroreaktionsgefäße (1,5 ml, 2 ml)	SARSTEDT AG & Co.
PCR-Tubes	BioRad Laboratories GmbH
Pipetten (5 ml, 10 ml, 25 ml)	SARSTEDT AG & Co.

Pipettenspitzen (10 µl, 200 µl)	SARSTEDT AG & Co.
Pipettenspitzen (1000 µl)	Ratiolab GmbH
PVDF-Membran 0,2 µm	Karl Roth GmbH & Co. KG
Schraubverschluss-Röhrchen (15 ml, 50 ml)	SARSTEDT AG & Co.
T75 Zellkultur-Flaschen	SARSTEDT AG & Co.

2.3 Chemikalien

Im Folgenden sind die in den Versuchen verwendeten Chemikalien aufgelistet.

Tabelle 3: Chemikalien

Bezeichnung	Hersteller
Agarose, low EEO	Applichem GmbH
Ammoniumperoxodisulfat (APS)	Applichem GmbH
Bromphenolblau	Applichem GmbH
Calciumchlorid ($CaCl_2$)	Applichem GmbH
Coomassie Brilliant blue G-250	Applichem GmbH
Dinatriumhydrogenphosphat (Na_2HPO_4)	Applichem GmbH
Dithiothreitol (DTT)	Applichem GmbH
DNA-Ladepuffer (6x)	Thermo Fisher Scientific
dNTPs	New England Biolabs GmbH
Essigsäure ($C_2H_4O_2$)	Applichem GmbH
Ethanol (absolut)	VWR Prolabo
Ethanol (vergällt)	Applichem GmbH
Ethylendiamintetraessigsäure (EDTA)	Applichem GmbH
GelRed	GeneOn GmbH
Glutathione Sepharose 4B	GE Healthcare Life Sciences
Glycerol	Applichem GmbH
Glycin	Applichem GmbH
HDGreen Plus	Intas Science Imaging Instruments GmbH

High Fidelity^{PLUS} Reaction Buffer (5x)	Roche Diagnostics GmbH
Kaliumchlorid (KCl)	Applichem GmbH
Kaliumdihydrogenphosphat (KH_2PO_4)	Applichem GmbH
Lipofectamine 2000	Invitrogen AG
Magnesiumchlorid ($MgCl_2$)	Applichem GmbH
Milchpulver	Applichem GmbH
Natriumchlorid (NaCl)	Karl Roth GmbH & Co. KG
Natriumdihydrogenphosphat (NaH_2PO_4)	Karl Roth GmbH & Co. KG
Natriumsulfat (Na_2SO_4)	Applichem GmbH
NEBuffer 4	New England Biolabs GmbH
Phenylmethylsulfonylfluorid (PMSF)	Applichem GmbH
Salzsäure (HCl)	Applichem GmbH
ß-Mercaptoethanol	Applichem GmbH
Tetramethylethylendiamin (TEMED)	Applichem GmbH
Tris(hydroxymethyl)-aminomethan (Tris)	Applichem GmbH
$ZnSO_4$	Applichem GmbH

2.4 Puffer und Lösungen

Die Zusammensetzungen der verwendeten Puffer und Lösungen sind im Folgenden aufgeführt. Für die Herstellung der Puffer und Lösungen wurde Millipore-Wasser verwendet.

Tabelle 4: Puffer und Lösungen

Bezeichnung	Zusammensetzung
Blockierlösung	TBS-T 5 % Milchpulver (w/v)
Blotpuffer	25 mM Tris 192 mM Glycin 0,01 % SDS (w/v) 20 % Methanol (v/v)

CD-Puffer	20 mM NaH_2PO_4 20 mM Na_2SO_4 10 µM $ZnSO_4$
Cleavage-Puffer	1 mM DTT 1 mM EDTA 150 mM NaCl 50 mM Tris-HCl pH 7,5
Coomassie-Entfärber	10 % Essigsäure 40 % Ethanol
Coomassie-Färbelösung	0,1 % (w/v) Coomassie Brilliant blue G-250 10 % (v/v) Essigsäure 40 % (v/v) Ethanol
Gelfiltrationspuffer	2 mM ß-Mercaptoethanol PBS
LB (Luria-Bertani) -Agar	LB-Medium 15 g/l Agar
LB (Luria-Bertani) -Medium	10 g/l Trypton 10 g/l NaCl 5 g/l Hefe-Extrakt pH 7,5
Lysepuffer	1 mM DTT 150 mM NaCl 1 mM PMSF 50 mM Tris-HCl pH 7,5
PBS	2,7 mM KCl 2 mM KH_2PO_4 137 mM NaCl 10 mM Na_2HPO_4

RIPA-Puffer	50 mM Tris-HCl
	150 mM NaCl
	5 mM EDTA
	1 % (v/v) Np-40
	1 % (v/v) Natrium-deoxycholat
	1 mM DTT
	1 × Protease-Inhibitor Cocktail
	1 mM PMSF
Sammelgel-Puffer	0,2 % SDS
	125 mM Tris-HCl
SDS-Laufpuffer (1 x)	192 mM Glycin
	0,1 % (w/v) SDS
	25 mM Tris
SDS-Probenpuffer (5 x)	5 mM EDTA
	0,1 % (w/v) Bromphenolblau
	30 % (v/v) Glycerol
	7,5 % (v/v) β-Mercaptoethanol
	15 % (w/v) SDS
	60 mM Tris-HCl
TAE-Puffer	1 mM EDTA
	40 mM Tris-Acetat
TBS	50 mM Tris-HCl
	150 mM NaCl
TBS-T	50 mM Tris-HCl
	150 mM NaCl
	0,1 % Tween-20 (v/v)
Trenngel-Puffer	0,2 % SDS (w/v)
	375 mM Tris

2.5 Antibiotika

Die Antibiotika wurden den Kultivierungsmedien für Bakterien in den angegebenen Konzentrationen zugesetzt.

Tabelle 5: Antibiotika

Antibiotikum	Hersteller	Konzentration
Ampicillin	Applichem GmbH	100 µg/ml
Carbenicillin	Applichem GmbH	100 µg/ml
Kanamycin	Applichem GmbH	50 µg/ml

2.6 Bakterienstämme

Escherichia coli (*E. coli*) XL2-Blue™ wurden zur Vervielfältigung von Plasmiden verwendet. *E. coli* SoluBL21™ wurden für die heterologe Proteinexpression eingesetzt. Die Kultivierung der Bakterien erfolgte bei 37 °C in LB-Medium bzw. auf LB-Agar-Platten der Firma Applichem. Das LB-Medium bzw. das LB-Agar wurden gemäß Tabelle 5 mit Antibiotika versetzt.

Tabelle 6: Bakterienstämme

Bakterienstamm	Genotyp	Hersteller
E. coli XL2-Blue™	recA1, endA1, gyrA96, thi-1 hsdR17, supE44, relA1, lac [F0 proAB lacqZ_M15 Tn10 (Tet) Amy Camr]	Stratagene
E. coli SoluBL21™	F- ompT hsd S$_B$ (r$_B$⁻ m$_B$⁻) gal dcm (DE3)	Genlantis

2.7 Zelllinien

Die in dieser Arbeit verwendeten eukaryotischen Zelllinien sind im Folgenden aufgelistet. Alle verwendeten Zelllinien weisen ein adhärentes Wachstumsverhalten auf.

Tabelle 7: Zelllinien

Zelllinie	Gewebe/Organismus/Charakteristika	ATCC-Nummer
293T	embryonales Nierengewebe, *Homo sapiens*	CRL-11268
HeLa	Zervix-Adenokarzinom, *Homo sapiens*	CCL-2

2.8 Nährmedien und Medienzusätze

Die Nährmedien und Medienzusätze, die zur Kultivierung eukaryotischer Zellen verwendet wurden, sind in nachfolgender Tabelle aufgelistet.

Tabelle 8: Nährmedien und Medienzusätze

Nährmedium/Medienzusatz	Inhaltsstoffe/Beschreibung	Hersteller
Antibiotic-Antimycotic	10000 U/ml Penicillin G, 10 mg/ml Streptomycin sulfate, 25 µg/ml Amphotericin B	Life Technologies
DMEM	Dulbecco's Modified Eagle's Medium + 10 % FCS, 1 % L-Glutamin, 1 % Antibiotic-Antimycotic	Life Technologies
FCS	fötales Kälberserum, Medienzusatz	Life Technologies
FRET-Medium	HBSS + 10 % FCS + 10 mM HEPES + 2 mM L-Glutamin + 1 mM $MgCl_2$ + 1 mM $CaCl_2$ + 10 mM Natriumlactat + 10 µl/ml OxiRace	
HBSS	Hanks' Balanced Salt Solution, Einsatz bei FRET-Experimenten	PAN-Biotech GmbH
HEPES	2-(4-(2-Hydroxyethyl)- 1-piperazinyl)-ethansulfonsäure, Medienzusatz	Life Technologies

| L-Glutamin | Aminosäure, Medienzusatz | Life Technologies |
| OptiMEM | Modifikation von MEM (Eagle) mit reduziertem Serum- und Proteinanteil, Transfektionsmedium | Life Technologies |

2.9 Plasmide

Nachfolgend sind die in dieser Arbeit verwendeten Klonierungs- (s. Tabelle 9) und Expressionsvektoren (s. Tabelle 9 und Tabelle 10) aufgelistet.

Tabelle 9: Klonierungsvektoren

Plasmid	Charakteristika	Hersteller
pCDNA3.1(+)	eukaryotischer Expressionsvektor, amp^r, neo^r	Invitrogen/Life Technologies
pET41	prokaryotischer Expressionsvektor, kan^r	Merck Millipore

Tabelle 10: prokaryotische Expressionsvektoren

Plasmid	codiert für	Referenz
pET41-GST-PreSc-Survivin F101A L102A	GST-PreSc-Survivin F101A L102A	Bachelorarbeit Leonel Zebaze
pET41-GST-PreSc-Survivin F93P L96A L98A	GST-PreSc-Survivin F93P L96A L98A	diese Arbeit
pET41-GST-PreSc-Survivin K129A	GST-PreSc-Survivin K129A	diese Arbeit
pET41-GST-PreSc-Survivin K129E	GST-PreSc-Survivin K129E	Bachelorarbeit Leonel Zebaze
pET41-GST-PreSc-Survivin K129Q	GST-PreSc-Survivin K129Q	Bachelorarbeit Leonel Zebaze
pET41-GST-PreSc-	GST-PreSc-Survivin K129R	Bachelorarbeit

Survivin K129R		Leonel Zebaze
pET41-GST-PreSc-Survivin K90Q	GST-PreSc-Survivin K90Q	Bachelorarbeit Leonel Zebaze
pET41-GST-PreSc-Survivin K90R	GST-PreSc-Survivin K90R	Bachelorarbeit Leonel Zebaze
pET41-GST-PreSc-Survivin L96A L98A	GST-PreSc-Survivin L96A L98A	diese Arbeit
pET41-GST-PreSc-Survivin wt	GST-PreSc-Survivin wt	Bachelorarbeit Leonel Zebaze

Tabelle 11: eukaryotische Expressionsvektoren

Plasmid	codiert für	Referenz
pC3 SurfI NESmut	Survivin L96A L98A	AG Stauber
pC3-Cerulean-Survivin F101A L102A	Cerulean-Survivin F101A L102A	diese Arbeit
pC3-Cerulean-Survivin wt	Cerulean-Survivin wt	diese Arbeit
pC3-Citrine-Survivin F101A L102A	Citrine-Survivin F101A L102A	diese Arbeit
pC3-Citrine-Survivin wt	Citrine-Survivin wt	diese Arbeit
pC3-myc-Survivin F101A L102A	myc-Survivin F101A L102A	diese Arbeit
pC3-myc-Survivin K129A	myc-Survivin K129A	Dissertation Britta Unruhe
pC3-myc-Survivin wt	myc-Survivin wt	Dissertation Rouven Hecht
pC3-Surv F93P L96A L98A	Surv F93P L96A L98A	diese Arbeit
pCerulean	Cerulean	AG Nalbant
pCitrine	Citrine	AG Nalbant

2.10 Primer

Die verwendeten PCR-Primer wurden von der Firma Eurofins MWG Operon bezogen (s. Tabelle 12). Zur Sequenzanalyse wurden Primer von LGC Genomics verwendet, deren Sequenzen nachfolgend ebenfalls angegeben sind (s. Tabelle 13).

Tabelle 12: PCR-Primer

Bezeichnung	Nukleotidsequenz (5'→ 3')
Apa-Surv_for	AAAGGGCCCGGTGCCCCGACGTTGCCC
Bam-Citrine re	TTTGGATCCCCTTGTACAGCTCGTCC
Bam-Surv_rev	TTTGGATCCTTAATCCATGGCAGCCAG
Kpn-Cerulean fw	AAAGGTACCATGGTGAGCAAGGGCGAGGAG
p3SurvFNES1mut	GCGGTTGCTTCTTCAGGCTGCTTCTTGAC
p5SurvFNES1mut	GTCAAGAAGCAGCCTGAAGAAGCAACCGC
PC3-F-SEQU	GGAGGTCTATATAAGCAGAGCTC
PC3'SEQU	CAACTAGAAGGCACAGTCGAG
SURF101AL102A-1P	GTCCAGTTTCGCAGCTTCACCAAG
SURF101AL102A-2P	CTTGGTGAAGCTGCGAAACTGGAC

Tabelle 13: Sequenzierungs-Primer

Bezeichnung	Nukleotidsequenz (5'→ 3')
CMV-F	GCAAATGGGCGGTAGGCGT
pcDNA3.1-R	TAGAAGGCACAGTCGAGGCT
T7term	GCTAGTTATTGCTCAGCGG

2.11 Enzyme

Nachfolgend sind die in dieser Arbeit verwendeten Enzyme, sortiert nach Enzymklasse, Name und Hersteller, aufgelistet.

Tabelle 14: Enzyme

Enzymklasse	Name	Hersteller
Ligase	T4 DNA Ligase TaKaRa	MoBiTec GmbH
Polymerase	High Fidelity^{PLUS} Polymerase	Roche Diagnostics GmbH
Protease	GST-PreScission Protease	AG Bayer
Restriktionsendonuklease	ApaI BamHI-HF EcoRI-HF KpnI-HF NcoI-HF XbaI	New England Biolabs GmbH
Peptidase	Trypsin	Life Technologies

2.12 Antikörper

In dieser Arbeit verwendete Primär- (s. Tabelle 15) und Sekundärantikörper (s. Tabelle 16) sind in den nachfolgenden Tabellen aufgelistet.

Tabelle 15: Primärantikörper

Antigen	Ursprung	Verdünnung	Hersteller
α-Tubulin	Maus	1:8000	Sigma (T5168)
GFP	Kaninchen	1:2000	Santa-Cruz (GFP (FL))

Tabelle 16: Sekundärantikörper

Antigen	Ursprung	Verdünnung	Hersteller
IgG α-Maus	Esel	1:10000	GE Healthcare
IgG α-Kaninchen	Esel	1:10000	GE Healthcare

2.13 Größenstandards

Nachfolgend sind die in dieser Arbeit verwendeten DNA- und Protein-Größenstandards aufgelistet.

Tabelle 17: Größenstandards

Typ	Bezeichnung	Hersteller
Protein-Größenstandard	Spectra Multicolor Broad Ladder Range Protein ThermoScientific	Thermo Fisher Scientific
DNA-Längenstandard	100 bp DNA Ladder	Thermo Fisher Scientific
	1 kb DNA Ladder	Thermo Fisher Scientific

2.14 Kits

In dieser Arbeit verwendete Kits sind in nachfolgender Tabelle aufgelistet.

Tabelle 18: Kits

Kit	Hersteller
Nucleo Bond® Xtra Midi/Maxi	MACHEREY-NAGEL GmbH & Co. KG
Nucleo Spin® 8 Plasmid	MACHEREY-NAGEL GmbH & Co. KG
Nucleo Spin® Gel and PCR Clean-Up	MACHEREY-NAGEL GmbH & Co. KG
Pierce ECL plus Western blotting Substrate	Thermo Fisher Scientific

2.15 Software

In nachfolgender Tabelle ist die für diese Arbeit verwendete Software dargestellt.

Software	Hersteller
Adobe Photoshop	Adobe Systems
Gene Construction Kit	Textco BioSoftware Inc.
ImageJ	U.S. National Institutes of Health
Jasco Spectra Manager 2.0	Jasco Inc.
LASAF Image Analysis	Leica Microsystems GmbH
Microsoft Office 2010	Microsoft Corporation
UNICORN Control Software	GE Healthcare Science

3 Methoden

3.1 Molekularbiologische Methoden

3.1.1 Polymerasekettenreaktion

Die PCR (Polymerasekettenreaktion) dient der Vervielfältigung bestimmter DNA-Sequenzen (*Templates*) *in vitro*. Eine PCR umfasst standardmäßig etwa 20-40 Zyklen, die sich jeweils in drei Abschnitte unterteilen lassen. Zuerst erfolgt eine Denaturierung, bei der die doppelsträngige DNA auf 95-98 °C erhitzt wird, um die Stränge zu trennen. Häufig wird vor Beginn der PCR-Zyklen bereits ein initialer Denaturierungsschritt durchgeführt, um sicherzustellen, dass sich sowohl die Ausgangs-DNA als auch die Primer vollständig voneinander getrennt haben und nur noch Einzelstränge vorliegen. Im nächsten Schritt, der Primer-Hybridisierung, wird die Temperatur abgesenkt, sodass die spezifische Anlagerung (*Annealing*) der Primer an die *Template*-DNA erfolgen kann. Über die Primer wird der Sequenzabschnitt, der im Verlauf der PCR amplifiziert wird, definiert. Die *Annealing*-Temperatur liegt normalerweise etwa 2 °C unter dem Schmelzpunkt der Primersequenzen, was meist einer Temperatur von etwa 55-65 °C entspricht. Die Elongation stellt den letzten Abschnitt des PCR-Zyklus dar. Währenddessen synthetisiert die thermostabile DNA-Polymerase vom jeweiligen Primer ausgehend neue komplementäre DNA-Stränge. Demnach wird eine Temperatur gewählt, die dem Temperaturoptimum der Polymerase entspricht. Die Zeitdauer des Elongationsschritts hängt von der Größe des *Templates* und der Elongationsgeschwindigkeit der Polymerase ab. Nach Durchlaufen aller PCR-Zyklen erfolgt ein mehrminütiger, finaler Elongationsschritt, um eine vollständige Verlängerung aller DNA-Stränge sicherzustellen.

In dieser Arbeit wurde das unten aufgeführte PCR-Programm in Kombination mit der High Fidelity[PLUS] DNA-Polymerase (Roche) verwendet.

1) Initiale Denaturierung	94 °C	2 min	
2) Denaturierung	94 °C	30 s	⎫
3) Primeranlagerung	55-65 °C	30 s	⎬ x 30
4) Elongation	72 °C	45 s	⎭
5) Finale Elongation	72 °C	5 min	

3.1.2 Splice Overlap Extension PCR (SOE-PCR)

Die *Splice Overlap Extension* PCR (SOE-PCR) dient dem gezielten Einbau von Punktmutationen in ein DNA-Fragment. Aminosäuren können spezifisch mutiert, deletiert oder inseriert werden, sodass z.b. die biologischen Funktionen dieser Aminosäuren in einem Protein untersucht werden können.

Im ersten Schritt der SOE-PCR werden mit jeweils einem mutagenen- und einem flankierenden Primer zwei DNA-Fragmente amplifiziert, deren Sequenzen im Bereich der mutagenen Primer überlappen. Die beiden mutagenen Primer, welche die zu mutierende Region überspannen, wurden so gestaltet, dass sie komplementär zueinander sind und neben der gewünschten Mutation noch genügend komplementäre Basen zur Ziel-Sequenz aufweisen, um eine ausreichende Bindung der Primer zu gewährleisten. Die beiden entstandenen PCR-Produkte dienten anschließend als Template für den zweiten Schritt der SOE-PCR. Als Primer wurden hier die beiden flankierenden Primer eingesetzt. Es kommt zu einer Hybridisierung an den komplementären Regionen des mutagenen Bereichs, sodass die DNA-Stränge von der DNA-Polymerase vervollständigt werden können und somit das gesamte DNA-Fragment mit der gewünschten Mutation vorliegt. Die einzelnen Schritte der PCR erfolgten wie in Abschnitt 3.1.1 beschrieben.

3.1.3 Agarose-Gelelektrophorese

Die Agarose-Gelelektrophorese dient der Auftrennung von Nukleinsäuren nach ihrer Größe. Die Trennung der DNA-Fragmente erfolgt mithilfe eines elektrischen Feldes. Dabei wird das Agarose-Gel in eine Kammer mit einer positiven und einer negativen Elektrode eingebracht. Durch das Anlegen einer elektrischen Spannung wandern die DNA-Fragmente aufgrund ihrer negativen Ladung in Richtung Anode. Die elektrophoretische Trennung wird durch die im Gel vorhandenen Poren erreicht. Kleine DNA-Fragmente bewegen sich schneller durch die Poren des Gels als große Fragmente, sodass es zu einer Auftrennung kommt. Die Porengröße des Gels wird durch die Agarosekonzentration bestimmt. Die Größe der entstandenen DNA-Banden kann anschließend durch einen Vergleich mit einem mitlaufenden DNA-Marker ermittelt werden.

In dieser Arbeit wurden Gele mit einer Agarose-Konzentration von 1 % (w/v) verwendet. Zur Färbung der DNA wurde das Agarosegel vor dem Auspolymerisieren mit 4-6 µl HDGreen Plus (Intas) pro 100 ml Agarose versetzt. Die DNA-Proben wurden 1:10 mit DNA-Probenpuffer vermischt. Die Auftrennung der DNA-Moleküle erfolgte bei 90 V in 1 x TAE-Puffer (Tris-Acetat-Puffer) für etwa 60-80 min. Als Größenstandards wurden GeneRuler 100 bp oder 1 kb DNA Ladder (Thermo Scientific) verwendet. Nach der Elektrophorese wurde die DNA unter UV-Licht visualisiert.

3.1.4 Reinigung von PCR-Produkten

Zur Entfernung von Enzymen, Salzen, Nukleotiden oder anderen Verunreinigungen wurden die PCR-Produkte mit dem Nucleo Spin® Gel and PCR Clean-Up-Kit der Firma Macherey-Nagel nach Herstellerangaben gereinigt.

3.1.5 DNA-Extraktion aus Agarose-Gelen

Die gewünschten DNA-Fragmente wurden nach der elektrophoretischen Auftrennung unter UV-Licht mit einem Skalpell aus dem Agarosegel herausgeschnitten und anschließend mit dem Nucleo Spin® Gel and PCR Clean-Up-Kit der Firma Macherey-Nagel nach Herstellerangaben gereinigt. Die abschließende Elution erfolgte in 25 µl Elutionspuffer.

3.1.6 Restriktionsverdau

Der Restriktionsverdau wurde mit Restriktionsenzymen der Firma NEB unter den vom Hersteller empfohlenen Pufferbedingungen durchgeführt. Die Inkubation erfolgte für 2-4 h bei 37 °C. Für einen analytischen Verdau wurden 0,2-1 µg DNA und für einen präparativen Verdau 5-10 µg DNA eingesetzt. Die Restriktionsprodukte wurden mittels Agarose-Gelelektrophorese überprüft und anschließend mit dem NucleoSpin Extract II Kit der Firma Macherey-Nagel nach Herstellerangaben gereinigt.

3.1.7 Ligation

Die Ligation von verdautem Vektor und Insert erfolgte mit der T4 DNA-Ligase TaKaRa der Firma Mobitec. Hierzu wurden 0,5 µl des Vektors mit 2 µl des Inserts gemischt und mit 2,5 µl DNA-Ligase versetzt. Ein weiterer Ansatz mit Millipore H_2O anstelle des Inserts diente als Negativkontrolle. Es folgte eine Inkubation des Ligationsansatzes für 30 min bei RT. Die ligierte Plasmid-DNA wurde anschließend für die Transformation chemisch kompetenter Bakterien genutzt (s. Abschnitt 3.2.1). Positive Klone wurden über eine Antibiotikaresistenz auf LB-Agar-Platten selektioniert und zum Animpfen von Flüssigkulturen genutzt, aus denen die vervielfältigte Plasmid-DNA isoliert wurde (s. Abschnitt 3.2.4). Die Kontrolle der Plasmid-DNA erfolgte mittels Testverdau und Sequenzierung.

3.1.8 Photometrische Bestimmung der DNA-Konzentration

Die Bestimmung der DNA-Konzentrationen erfolgte photometrisch bei einer Wellenlänge von 260 nm. Eine Absorption von 1 entspricht bei dieser Methode einer dsDNA-Konzentration von 50 µg/ml. Um Verunreinigungen mit Proteinen oder RNA bzw. Salzen und Phenol festzustellen, wurden zudem Absorptionsmessungen bei einer Wellenlänge von 280 nm bzw. 230 nm durchgeführt. Ein Verhältnis von $A_{260/280}$ < 1,8 deutet auf eine Verunreinigung mit Proteinen hin. Das Verhältnis $A_{260/230}$ sollte idealerweise bei etwa 2,0 liegen.

3.1.9 Sequenzanalyse

Die Sequenzierung der Plasmid-DNA erfolgte durch die Firma LGC Genomics nach der Kettenabbruchmethode von Sanger (76). Hierzu wurden 20 µl DNA einer Konzentration von 50-100 ng/µl eingesandt. Die Sequenzierungsprimer wurden von LGC Genomics zur Verfügung gestellt. Die Auswertung der Sequenzierungsdaten erfolgte mit dem Programm Gene Construction Kit (Textco BioSoftware) sowie mit dem Online-Alignment-Tool Clustal Omega.

3.2 Mikrobiologische Methoden

3.2.1 Transformation chemisch kompetenter *E. coli* Bakterien

Chemisch kompetente *E. coli* XL2-Blue™ bzw. *E. coli* SoluBL21™ wurden auf Eis aufgetaut, mit 0,2-1 µg Plasmid-DNA vermischt und 30 min auf Eis inkubiert. Anschließend wurden die Bakterien für 1 min einem „Hitzeschock" bei 42 °C im Heizblock unterzogen. Zu den Ansätzen wurden 200 µl LB-Medium gegeben. Anschließend erfolgte eine einstündige Inkubation auf dem Schüttler bei 37 °C. Die Ansätze wurden dann auf LB-Agar-Platten, die zur Selektion Antibiotikum enthielten, ausplattiert. Die Platten wurden unter aeroben Bedingungen über Nacht bei einer Temperatur von 37 °C inkubiert.

3.2.2 Langfristige Lagerung transformierter *E. coli* Bakterien

Für die langfristige Lagerung transformierter Bakterien wurden Bakterien-Stocks angelegt. Dazu wurden 800 µl einer 200 ml ÜN-Kultur mit 200 µl Glycerin versetzt und in Kryoröhrchen der Firma Greiner in flüssigem Stickstoff schockgefroren und bei -80 °C gelagert.

3.2.3 Expression rekombinanter Proteine in *E. coli* Bakterien

In dieser Arbeit wurde der pET41-Vektor als Expressionsvektor für die rekombinante Proteinexpression in *E. coli* Bakterien genutzt. Hierzu wurden *E. coli* SoluBL21™ Bakterien mit den entsprechenden Plasmiden transformiert (s. Abschnitt 3.2.1). Danach wurden zunächst 50 ml Vorkulturen bei 37 °C über Nacht inkubiert. Anschließend wurden 250 ml frisches LB-Medium mit 50 ml der Vorkultur angeimpft. Die Induktion der Hauptkultur erfolgte bei einer OD_{600} von 0,6-0,8 durch Zugabe von 1 mM IPTG (Isopropyl-β-D-thiogalactopyranosid), einem Induktor des *lac*-Operons. Die Expression erfolgte für 6 h bei 30 °C.

3.2.4 Plasmidisolierung aus *E. coli* Bakterien

Zur Plasmidisolierung aus Bakterienzellen wurde je nach Größe der Kultur eine Minipräparation oder eine Midipräparation durchgeführt.

3.2.4.1 Minipräparation

Die Plasmidisolierung erfolgte mit Hilfe des Nucleo Spin Multi-8 Plasmid-Kit (Machery & Nagel) nach Angabe des Herstellers aus einer 8 ml Übernachtkultur. Zur Isolierung der Plasmid-DNA wurde das Prinzip der alkalischen Lyse in Kombination mit nachfolgender chromatographischer Reinigung angewendet.

Die Übernachtkulturen wurden abzentrifugiert und die Bakterien in einem Tris-HCl/EDTA/RNase A-haltigen Puffer resuspendiert. EDTA mindert die Stabilität der bakteriellen Zellwand indem es zweiwertige Kationen (Mg^{2+}, Ca^+) komplexiert. Die RNase dient zum Abbau der bakteriellen RNA. Die Lyse der Zellen sowie die Denaturierung chromosomaler DNA und Plasmid-DNA erfolgten mittels SDS (Natriumdodecylsulfat) und NaOH. Anschließend wurde Kaliumacetat zur Neutralisation hinzugegeben, was der kurzen Plasmid-DNA, nicht aber der langen chromosomalen DNA, die Renaturierung erlaubt. Durch Zentrifugation wurde die Plasmid-DNA von Zelltrümmern, präzipitierten Proteinen und chromosomaler DNA getrennt. Nachfolgend erfolgte eine Reinigung der DNA über

Chromatographiesäulen, die darauf basiert, dass die DNA bei hohen Salzkonzentrationen effektiv an die Säulen bindet und anschließend durch einen Puffer mit niedrigerer Salzkonzentration eluiert werden kann.

3.2.4.2 Midipräparation

Die Plasmidisolierung erfolgte mit Hilfe des Nucleo Bond Xtra Midi-Kit (Machery & Nagel) nach Angabe des Herstellers aus einer 200 ml Übernachtkultur. Die Präparation erfolgt, ähnlich wie die Minipräparation, nach dem Prinzip der alkalische Lyse mit anschließender chromatographischer Reinigung. Die Plasmid-DNA wurde dann durch eine Isopropanol-Fällung isoliert, durch Waschen mit 70 % Ethanol entsalzt und anschließend in 300 µl Millipore H_2O aufgenommen.

3.3 Proteinbiochemische Methoden

3.3.1 Reinigung von rekombinanten GST-Fusionsproteinen

Diese Methode diente der Isolation rekombinanter GST-Fusionsproteine aus Bakterienlysaten und der anschließenden Entfernung des GST-Tags.

3.3.1.1 Ernte und Lyse

Die Bakterienkultur wurde in einem 50 ml Schraubverschluss-Röhrchen pelletiert (3900 x g, 15 min, 4°C), in 15 ml Lysepuffer resuspendiert und 10 min auf Eis inkubiert. Das enthaltene Dithiothreitol (DTT) verhindert die Oxidation von SH-Gruppen zu Disulfidbrücken durch Luftsauerstoff, während Phenylmethylsulfonylfluorid (PMSF) Serin- und Thiol-Proteasen inhibiert, die bei der Lyse der Bakterienzellen freigesetzt werden. Es erfolgte die Zugabe von 150 µl Lysozym (50 mg/ml) und eine 20-minütige Inkubation auf Eis. Lysozym ist eine Hydrolase, die durch Hydrolyse der ß-glykosidischen Bindung zwischen dem C1-Atom des Zellwandbestandteils N-Acetyl-Muraminsäure (NAM) und dem C4-Atom von N-Acetyl-Glucosamin (NAG) die Lyse der Zellwand von Bakterien bewirkt. Anschließend wurden 75 µl DNase I (10 mg/ml) und 75 µl $MgCl_2$ (1 M) zu der Lösung gegeben, und die Probe wurde einige Male invertiert. DNase I ist eine Endonuklease, welche die Phosphodiesterbindung in der DNA bevorzugt hinter Pyrimidinnukleotiden spaltet. Die Spezifität des Enzyms wird durch die verfügbaren Ionen bestimmt. Da zur Aktivierung Mg^{2+} nötig ist, wurde $MgCl_2$

zugegeben. Die Probe wurde dann in ein 25 ml Becherglas überführt und auf Eis mit dem Ultraschall-Homogenisator Sonopuls HD 2070 sonifiziert (4 x 7 s und 1 x 10 s mit jeweils 1 min Pause). Bei der Sonifizierung werden rasch wechselnde Druckänderungen erzeugt, was ein Zerreißen der Membranen und Zellwände beschallter Zellen bewirkt und so einen schnellen Zellaufschluss ermöglicht. Das Bakterienlysat wurde anschließend wieder in die 50 ml Schraubverschluss-Röhrchen überführt und 45 min bei 3900 x g und 4 °C zentrifugiert. Der Überstand, in dem sich die Proteine befinden sollten, wurde in ein 15 ml Schraubverschluss-Röhrchen überführt.

3.3.1.2 Bindung

Dieser Schritt dient der Isolation der rekombinanten Proteine aus dem Bakterienlysat. Aufgrund der hohen Affinität von Glutathion-S-Transferase (GST) für Glutathion wird der GST-Tag genutzt, um GST-Fusionsproteine über eine Glutathion-haltige Matrix (Glutathion Sepharose) zu isolieren.

1 ml der Suspension, bestehend aus 50 % Glutathion Sepharose 4B-Kügelchen (GE Healthcare Science) und 50 % Ethanol (20 %), wurde zunächst zweimal mit 5 ml PBS gewaschen (5 min, 500 x g, 4 °C), bevor das Lysat zu den Kügelchen gegeben wurde. Anschließend wurde das Gemisch für 2 h bei 4 °C auf dem Drehrad inkubiert. Nach erfolgter Bindung des GST-Tags der rekombinanten Fusionsproteine an die Glutathion Sepharose 4B-Kügelchen wurde die Probe 5 min bei 500 x g und 4 °C zentrifugiert. Der Überstand wurde verworfen. Die Kügelchen wurden zweimal mit 5 ml CP/1 % Triton X-100 und zweimal mit 5 ml Cleavage-Puffer (CP) gewaschen. Nach dem letzten Waschschritt wurden die Kügelchen in 0,5 ml frischem CP resuspendiert und in ein 1,5 ml Reaktionsgefäß überführt.

3.3.1.3 Entfernung des GST-Tags

Die Entfernung des GST-Tags vom Fusionsprotein erfolgte mit der PreScission-Protease. Die Protease kann zwischen dem GST-Tag und dem Zielprotein schneiden, wenn zwischen beiden Proteinen die entsprechende Schnittstelle vorliegt. Die PreScission-Protease ist ein Fusionsprotein aus der GST- und der humanen Rhinovirus Typ 14 3C-Protease. Sie erkennt spezifisch die

Aminosäuresequenz Leu-Glu-Val-Phe-Gln-Gly-Pro und schneidet zwischen Gln und Gly.

Zu den Proben wurden 10 µl PreScission-Protease (10 mg/ml) gegeben. Das Gemisch wurde über Nacht bei 4 °C auf einem Drehrad inkubiert. Anschließend wurde die Probe auf eine mit CP äquilibrierte Polyprepsäule (Bio-Rad) überführt und das erste Eluat, das das GST-freie Zielprotein enthielt, wurde in einem 1,5 ml Reaktionsgefäß aufgefangen. Um sicherzustellen, dass das Zielprotein vollständig von der Säule entfernt wurde, wurden 400 µl CP auf die Säule gegeben, und das zweite Eluat wurde ebenfalls aufgefangen. Der Vorgang wurde mit 300 µl CP wiederholt (drittes Eluat).

3.3.2 Bestimmung der Proteinkonzentration

Die Proteinquantifizierung erfolgte mittels Bradford-Assay oder Nanodrop.

3.3.2.1 Bradford-Assay

Der Bradford-Assay ist eine photometrische Methode zur Bestimmung von Proteinkonzentrationen. Er beruht auf der Bindung von Coomassie Brilliant Blue G-250 an Proteine im sauren Milieu, wodurch sich das Absorptionsmaximum des Farbstoffes verschiebt (465 nm ohne Protein, 595 nm mit Protein). Die Zunahme der Absorption bei 595 nm ist ein Maß für die Proteinkonzentration der Lösung.

Zunächst wurden 799 µl PBS in einer Messküvette mit 200 µl des Bradfordreagenz (BioRad) vermischt. Anschließend wurde 1 µl des Proteinlysats hinzugefügt, sodass ein Gesamtvolumen von 1 ml vorlag. Nach dem Vortexen wurde die Probe 5 min bei RT inkubiert. Die Messung erfolgte im Biophotometer (Eppendorf) bei 595 nm. Als Leerwert wurde die Absorption einer Mischung aus 800 µl PBS und 200 µl Bradfordreagenz ohne Zugabe von Proteinlysat bestimmt.

3.3.2.2 Nanodrop

Die Proteinquantifizierung mittels Nanodrop (Spectraphotometer ND-1000, Peqlab) basiert auf dem Absorptionsverhalten der aromatischen Aminosäuren Tyrosin, Tryptophan und Phenylalanin. Tyrosin und Tryptophan zeigen eine Absorption bei 280 nm und Phenylalanin bei 260 nm. Zur Bestimmung der Konzentration wird das Lambert-Beer'sche Gesetz angewandt, das bei verdünnten

Lösungen eine lineare Abhängigkeit der Absorption einer Substanz von ihrer Konzentration voraussagt (77).

$$A = \log\left(\frac{I_0}{I}\right) = \varepsilon * c * d$$

A: gemessene Absorption, I_0: Intensität des eingestrahlten Lichtes [W m^{-2}], I: Intensität des abgeschwächten Lichtes [W m^{-2}], ε: molarer Absorptionskoeffizient [M^{-1} cm^{-1}], c: Konzentration der Probe [mol l^{-1}], d: Weglänge des Lichtstrahls durch die Probe [cm]

Für eine Messung wurden 2 µl unverdünnter Proteinlösung eingesetzt. Eine Absorption von 1 bei 280 nm wurde mit einer Proteinkonzentration von 1 mg/ml gleichgesetzt.

3.3.3 SDS-Gelelektrophorese

Die SDS-Gelelektrophorese dient der Auftrennung von Proteinen nach ihrer Größe. Die Proben wurden hierzu mit 5 x SDS-Probenpuffer versetzt und für 10 min bei 95 °C erhitzt. SDS ist ein anionisches Detergenz und bindet an die hydrophoben Bereiche des Proteins. Dabei zerstört es die nicht-kovalenten Bindungen von Proteinen und maskiert die nativen Ladungen der Proteine, sodass jedes Protein dieselbe relative Negativladung erhält und basierend auf seiner Größe und nicht seiner Ladung in der Gel-Elektrophorese aufgetrennt werden kann. Die Elektrophorese erfolgte in einem diskontinuierlichen System, wobei verschiedene Puffer und Gelkonzentrationen für das Sammel- und Trenngel verwendet wurden, da dies die Schärfe der Banden im Gel verbessert. Die Proteine wurden zunächst im großporigen Sammelgel konzentriert und dann im engporigen Trenngel der Größe nach aufgetrennt. Der Mechanismus der Konzentrierung beruht darauf, dass beim Anlegen der Spannung die Chloridionen im Gel mit hoher Mobilität zur Anode wandern, während die in das Sammelgel eindringenden Glycinionen (aus dem Laufpuffer) aufgrund des neutralen pH-Wertes überwiegend als Zwitterionen vorliegen und deshalb nur sehr langsam wandern. Zwischen Glycin und Chloridionen entsteht eine an Ionen verarmte Zone. Die Proteine in der Probe sind negativ geladen (durch SDS) und ordnen sich zwischen den schnell wandernden Chloridionen und den langsam wandernden Glycinionen an. Dabei werden sie konzentriert, da sich zwischen den

Leit- und Folgeionen ein Spannungsgradient aufbaut, der zur Beschleunigung der negativ geladenen Proteine führt, bis sie zum Leition aufgeschlossen haben. Die Wahl der Polyacrylamidkonzentration erfolgte entsprechend der Proteingröße. Zunächst wurden Wasser und Trenngel- bzw. Sammelgelpuffer vermischt. Dann wurde Acrylamid hinzugegeben. Acrylamid bildet quervernetzte Polyacrylamide, die als Matrix für die Elektrophorese dienen. Die Polymerisation wurde durch die Zugabe von APS initiiert, bei dessen chemischem Zerfall freie Radikale entstehen. Zusätzlich erfolgte eine Zugabe von TEMED, das die Bildung von freien Radikalen katalysiert.

Das Trenngel wurde zuerst gegossen und mit 70 %-igem Isopropanol überschichtet, damit eine gerade Kante entsteht. Nach der Polymerisation des Trenngels wurde das Isopropanol entfernt und das Sammelgel auf das Trenngel gegossen. Ein Kamm mit 10 oder 15 Taschen wurde eingesetzt. Nach der Polymerisation wurde das Gel in die Gelkammer eingesetzt und diese wurde mit Laufpuffer befüllt. Die Taschen wurden anschließend mit den Proben beladen. Die Elektrophorese erfolgte bei 150 V für ungefähr 100 min. Zur Größenanalyse diente der Spectra Multicolor Broad Range Proteinmarker (Thermo Fisher Scientific).

Tabelle 19: Zusammensetzung von Polyacrylamidgelen

	Trenngel				Sammelgel
	7,5 %	10 %	12,5 %	15 %	4 %
Millipore H_2O	2,4 ml	2,0 ml	1,6 ml	1,2 ml	2,5 ml
Trenngelpuffer	1,3 ml	1,3 ml	1,3 ml	1,3 ml	-
Sammelgelpuffer	-	-	-	-	1,35 ml
Acrylamid	1,2 ml	1,6 ml	2,1 ml	2,5 ml	0,65 ml
APS	50 μl	50 μl	50 μl	50 μl	50 μl
TEMED	5 μl	5 μl	5 μl	5 μl	5 μl

3.3.4 Coomassie-Färbung

Mittels Coomassie-Färbung können Proteine in einem Polyacrylamidgel nach elektrophoretischer Auftrennung unspezifisch angefärbt werden. Dabei interagiert Coomassie-Brillant-Blau, ein Triphenylmethanfarbstoff, mit den Seitenketten basischer Aminosäuren. Die Anfärbung der Gele erfolgte über Nacht in

Coomassie-Färbelösung. Danach wurden die Polyacrylamidgele mit Hilfe von Coomassie-Entfärber sowie durch wiederholtes Waschen mit Millipore H_2O über mehrere Stunden hinweg entfärbt, bis die Proteinbanden deutlich erkennbar waren.

3.3.5 Western Blotting

Das Western Blotting dient der Detektion elektrophoretisch aufgetrennter Proteine mittels Antikörperfärbung. Die Proteine werden hierbei nach elektrophoretischer Auftrennung durch SDS-Gelelektrophorese von dem SDS-Gel auf eine Trägermembran übertragen. Die Membran weist dabei eine positive Ladung auf, damit die negativ geladenen Proteine an ihrer Oberfläche haften. In einem senkrecht anliegenden elektrischen Feld erfolgt der Transfer auf die Membran, wobei die Proteine aus dem Gel Richtung Anode wandern und so auf die Membran übertragen werden. Anschließend kann eine Detektion bestimmter Proteine mittels Antikörper erfolgen. Um eine unspezifische Bindung des Antikörpers an unbesetzte Stellen der Membran zu verhindern, erfolgt zunächst eine Blockierung unbesetzter Stellen mit z.B. einer Milchpulverlösung. Es folgt die Inkubation der Membran mit einem primären Antikörper, der gegen ein spezifisches Epitop seines Zielproteins gerichtet ist. Nach einem Waschschritt wird die Membran mit einem sekundären Antikörper inkubiert. Dieser ist gegen die FC-Region des primären Antikörpers gerichtet. Der sekundäre Antikörper trägt an seinem FC-Bereich einen leicht nachweisbaren Marker, wie z.B. das Enzym Meerrettich-Peroxidase (HRP). Durch eine chemilumineszente Reaktion kann die Bindung visualisiert werden. Hierbei katalysiert die HRP unter Einwirkung von Wasserstoffperoxid die Oxidation des Substrats Luminol. Das Substrat geht in einen angeregten Zustand über und emittiert beim Zurückfallen in den Grundzustand Licht, welches auf einem Röntgenfilm detektiert werden kann. Durch das frei werdende Licht wird der Film an den Stellen geschwärzt, an denen ein Komplex aus Zielprotein, primärem Antikörper und sekundärem Antikörper auf der Membran lokalisiert ist.

Mittels SDS-PAGE aufgetrennte Proteine wurden mit Hilfe des Tankblot-Verfahrens (PerfectBlue Tank-Elektroblotter) auf eine PVDF-Membran übertragen. Die Membran wurde zunächst für einige Sekunden in 100 %-igem Methanol aktiviert. Es folgte eine Äquilibrierung von Membran, SDS-Gel sowie 4 Whatman-

Papieren im Blot-Puffer. Dann erfolgte der Zusammenbau der Blot-Kassette. Auf zwei unten liegende Whatman-Filterpapiere wurde die PVDF-Membran gelegt, gefolgt von dem SDS-Gel und weiteren zwei Whatman-Filterpapieren. Dabei wurde Luftblasenbildung vermieden. Anschließend wurde die Kassette in die Blot-Kammer eingesetzt, sodass sich die Membran zwischen dem SDS-Gel und der positiven Elektrode befand. Bei einer konstanten Stromstärke von 350 mA fand die Übertragung der Proteine auf die Membran für 2 h bei 4 °C statt.

Zum Blockieren wurde die Membran zunächst für 1 h in 10 ml 5 % Milchpulver in TBS-T bei RT unter Schütteln inkubiert. Es folgte die Inkubation mit dem primären Antikörper (in 5 % Milchpulver in TBS-T) über Nacht bei 4 °C auf dem Schüttler. Anschließend wurde der Primärantikörper entfernt und die Membran zweimal für 10 min mit TBS-T gewaschen, um nicht gebundene Antikörper zu entfernen. Es folgte eine einstündige Inkubation der Membran mit dem sekundären Antikörper (in 5 % Milchpulver in TBS-T) auf dem Schüttler bei RT. Anschließend wurde die Membran zweimal für 5 min mit TBS-T und schließlich einmal mit TBS gewaschen. Zur Entwicklung des Blots wurde das ECLPlus Detektionssystem nach den Angaben des Herstellers eingesetzt. Die Entwicklung erfolgte in der Entwicklermaschine Cawomat 2000IR.

3.3.6 Gelfiltration

Die Gelfiltration oder Größenausschlusschromatographie ist eine Methode, die zur Auftrennung von nativen Proteinen mit unterschiedlichem Molekulargewicht eingesetzt wird, und mit welcher der Oligomerisierungszustand (z.B. Monomer oder Dimer) von Proteinen untersucht werden kann. Als Gelmatrix werden kugelförmige Polymere verwendet, die in Abhängigkeit ihres Vernetzungsgrades porös sind. Proteine geeigneter Größe können in die Poren dieser Matrizes eindiffundieren. Dadurch wird die Durchflussgeschwindigkeit der Proteine durch das Gel verlangsamt. Große Proteine, die in die Poren nicht eindiffundieren können, eluieren mit höherer Flussgeschwindigkeit.

Die Gelfiltration wurde mit einer Superdex 75 10/300 GL Säule (GE Healthcare Life Sciences) an der Flüssigchromatographieanlage *ÄKTApurifier* (GE Healthcare Life Sciences) durchgeführt. Die Bedienung erfolgte mit Hilfe der UNICORN Control Software (GE Healthcare Life Sciences). Der Gelfiltrations-Puffer wurde gefiltert und entgast. Nach Equilibrierung der Säule mit Gelfiltrationspuffer wurden die isolierten rekombinanten Proteine (s. Abschnitt 3.3.1) in einem Probenvolumen von 400 µl bis 500 µl und einer Konzentration von 0,8-1 mg/ml luftblasenfrei über einen 500 µl Probenloop in die Flüssigchromatographieanlage injiziert. Zwischen einem Retentionsvolumen von 8-13 ml wurden Fraktionen von 250 µl bei einer Flussrate von 0,4 ml/min gesammelt. Die Elution der Proteine wurde durch die Messung der Absorption bei 280 nm detektiert.

3.3.7 CD-Spektroskopie

Als Circulardichroismus (CD) bezeichnet man die optische Eigenschaft chiraler Moleküle rechts- (A_R) und links-zirkular polarisiertes Licht (A_L) unterschiedlich stark zu absorbieren. Für chirale Moleküle gilt, dass die Absorptions-Differenz A_L-A_R stets ungleich Null ist.

Diese Eigenschaft kann für die Strukturaufklärung chiraler Moleküle mittels CD-Spektroskopie genutzt werden. Hier wird die Absorptions-Differenz A_L-A_R bei Licht verschiedener Wellenlängen gemessen, sodass ein CD-Spektrum entsteht.

Mittels CD-Messungen im fernen UV-Bereich (170-250 nm) kann der Anteil verschiedener Sekundärstrukturelemente in Proteinen analysiert werden. So zeigen α-helicale-, β-Faltblatt- und *random coil*-Strukturen unterschiedliche, charakteristische CD-Spektren. Das Spektrum eines α-helicalen Proteins weist charakteristische Minima im Bereich von 209 nm und 222 nm auf. Bei β-Faltblatt-Strukturen liegt ein Minimum bei 217 nm und ein Maximum bei 195-197 nm vor. *Random coil*-Strukturen zeichnen sich durch ein Maximum bei 212 nm und ein Minimum bei 195 nm aus.

CD-Messungen wurden mit dem Jasco J-710 CD Spectropolarimeter (Jasco) in 0,1 cm Küvetten (Hellma Analytics) durchgeführt. Die Proteinproben wurden zuvor mit CD-Puffer auf eine Konzentration von 0,15-0,2 mg/ml verdünnt. Für die Messungen wurden 200 µl Probe verwendet.

3.4 Zellbiologische Methoden

3.4.1 Kultivierung eukaryotischer Zellen

Die Kultivierung der verwendeten Zelllinien erfolgte in T75-Zellkulturflaschen (Sarstedt) in DMEM in einer wasserdampfgesättigten Umgebung bei 5 % CO_2 und

37 °C. Alle Arbeitsschritte wurden unter einer Sterilbank durchgeführt, um Kontaminationen mit Bakterien und Pilzen zu vermeiden.

3.4.2 Zellpassage

Die Zellpassage erfolgte in der Regel 2 bis 3-mal wöchentlich durch Trypsinierung der Zellen. Zunächst wurde das alte Nährmedium aus der Kulturflasche abgesaugt. Danach wurden die Zellen mit 5 ml sterilem PBS (Life Technologies) gewaschen, um FCS-Rückstände zu entfernen, welche die Wirkung des Trypsins inhibieren. Nach Absaugen des PBS wurden die Zellen in 2 ml Trypsin (Life Technologies) auf einer Heizplatte bei 37 °C für etwa 5 min inkubiert. In dieser Zeit spaltet Trypsin die Adhäsionsproteine auf der Oberfläche der Zellen, sodass sich diese vom Flaschenboden ablösen. Nach mikroskopischer Sichtkontrolle wurde die Enzymreaktion durch Zugabe von 8 ml Nährmedium gestoppt. Die Zellsuspension wurde entsprechend der Zelldichte mit Nährmedium in einem Gesamtvolumen von 10 ml verdünnt und in eine neue Zellkulturflasche überführt.

3.4.3 Transiente Transfektion eukaryotischer Zellen

Die transiente Transfektion eukaryotischer Zellen beruht auf der kurzzeitigen Aufnahme (24-48 h) von Plasmid-DNA, wobei die auf der Plasmid-DNA kodierten Gene unter Einfluss eines eukaryotischen Promotors exprimiert werden.

Für die transiente Transfektion von 293T-Zellen in 17 mm Kulturschalen mit PEI wurden 10 µl steriles PBS (Invitrogen) mit 2 µl einer 10 mM PEI-Lösung versetzt und zu der in 10 µl PBS gelösten Plasmid-DNA gegeben. Nach 5-minütiger Inkubation bei RT wurde das Gemisch auf die Zellen getropft und 24 h auf den Zellen inkubiert. Eine transiente Transfektion von 293T-Zellen in 35 mm Kulturschalen erfolgte mit 10 µl PEI, jeweils 60 µl PBS und 4 µg Plasmid-DNA wie oben beschrieben.

Für die transiente Transfektion von HeLa-Zellen in 17 mm Kulturschalen mit Lipofectamin 2000 wurden 15 µl OptiMEM mit 0,4 µl Lipofektamin2000 versetzt, 5 min bei RT inkubiert und zu der in 15 µl OptiMEM gelösten Plasmid-DNA gegeben. Nach 20-minütiger Inkubation bei RT wurde das Gemisch auf die Zellen getropft und 24 h auf den Zellen inkubiert.

3.4.4 Herstellung von Zelllysaten

Zur Isolation von Proteinen aus einer Zellsuspension wurde ein chemischer Zellaufschluss durchgeführt. Zum Zellaufschluss wurde RIPA-Puffer eingesetzt. Für die Herstellung von Zelllysaten wurden die konfluenten Zellen einer 35 mm-Zellkulturschale mit einem Zellschaber abgelöst und in ein Falcon überführt. Es folgte eine Zentrifugation für 5 min bei 4 °C und 300 x g. Das Pellet wurde in 1 ml PBS aufgenommen und erneut für 5 min bei 4 °C und 300 x g zentrifugiert. Das Pellet wurde in 80-100 µl RIPA-Puffer resuspendiert und für 10 s bei einer Amplitude von 90 % mit dem Ultraschallhomogenisator Sonopuls mini20 (Bandelin) sonifiziert. Nach anschließender Zentrifugation für 30 min bei 4 °C und 20000 x g wurde der Überstand, der die gelösten Proteine enthält, in ein neues Reaktionsgefäß überführt. Die Bestimmung der Proteinkonzentration erfolgte mittels Bradford-Assay (s. Abschnitt 3.3.2.1).

3.5 Fluoreszenzmikroskopische Methoden

3.5.1 Konfokale Fluoreszenzmikroskopie

Die Fluoreszenzmikroskopie beruht auf dem physikalischen Effekt der Fluoreszenz, bei dem Fluorophore mit Licht einer bestimmten Wellenlänge angeregt werden, die Elektronen so ein höheres Energieniveau erreichen und nach wenigen Nanosekunden die Energie in Form von Licht einer anderen Wellenlänge wieder emittieren. Durch spezielle Filter wird nur das abgestrahlte Licht detektiert. Im Rahmen der Immunfluoreszenzfärbung kann neben der Lokalisation der Proteine auch die relative Lokalisation mehrerer Proteine zueinander über die Kopplung von Primärantikörper und mit Fluorophor-markiertem Sekundärantikörper im Mikroskop sichtbar gemacht werden.

Die konfokale Mikroskopie ist eine besondere Form der Fluoreszenzmikroskopie. Hier werden einzelne Punkte des Objektes mit Hilfe von fokussierten Laserstrahlen beleuchtet. Durch die Aufnahme jedes einzelnen Punktes des Präparates kann durch computergestützte Techniken das Gesamtbild rekonstruiert werden. Dies hat den Vorteil, dass Hintergrundsignale aus anderen Ebenen des Präparates nicht detektiert werden und somit die Schärfentiefe des visualisierten Präparates erhöht wird.

Die Konfokalmikroskopie wurde mit dem konfokalen Laserscanning Mikroskop TCS SP5 (Leica) durchgeführt. Die Präparate wurden mit einer CCD-Kamera aufgenommen und mit dem computergestützten Bilderfassungssystem LASAF Image Analysis der Firma Leica visualisiert.

3.5.2 Föster-Resonanz-Energie-Transfer (FRET)

Der nach Theodor Föster benannte Föster-Resonanz-Energie-Transfer (FRET) basiert auf dem Prinzip der strahlungsfreien Energieübertragung zwischen zwei Fluorophoren. Hierbei wird ein Fluorophor als Donor und das andere als Akzeptor bezeichnet. Der Donor absorbiert Licht einer höheren Frequenz als der Akzeptor. Befinden sich Donor und Akzeptor in räumlicher Nähe (<10 nm), so kommt es zu einer strahlungsfreien Energieübertragung vom Donor auf den Akzeptor. Dabei ist wichtig, dass die zu transferierende Energiemenge, die der Energiedifferenz zwischen dem angeregtem Zustand und dem Grundzustand des Donors entspricht, im Bereich des Absorptionsspektrums des Akzeptors liegt. Hierfür muss das Emissionsspektrum des Donor-Farbstoffs mit dem Absorptionsspektrum des Akzeptor-Farbstoffs überlappen. Zudem sollten Donor und Akzeptor möglichst parallele Schwingungsebenen aufweisen.

Das Prinzip des FRET kann sich zu Nutze gemacht werden, um Interaktionen von Proteinen in lebenden Zellen zu analysieren. Hierzu wird einer der Interaktionspartner an ein Donor-Fluorophor und der andere an ein Akzeptor-Fluorophor gekoppelt. Bei einer Interaktion der Proteine findet eine Energieübertragung vom Donor- auf das Akzeptor-Fluorophor statt, die fluoreszenzmikroskopisch quantifiziert werden kann. Eine Methode zur fluoreszenzmikroskopischen Quantifizierung ist der *Sensitized Emission* FRET-Assay. Der *Sensitized Emission* FRET-Assay basiert auf der Messung der Akzeptor-Emission nach einer Anregung des Donors. Die FRET-Effizienz wird hierbei als Verhältnis der gemessenen Emission des Akzeptors zur gemessenen Emission des Donors berechnet.

FRET-Messungen wurden mit dem konfokalen Laserscanning Mikroskop TCS SP5 (Leica) durchgeführt. Die Bilderfassung erfolgte mit einer CCD-Kamera. Zur Visualisierung diente das computergestützte Bilderfassungssystem LASAF Image Analysis der Firma Leica.

4 Ergebnisse

Survivin erfüllt in der Zelle eine Doppelfunktion: Es ist zum einen als Mitglied des *Chromosomal Passenger Complex* (CPC) im Zellkern essentiell für den korrekten Ablauf der Chromosomensegregation und somit für die Zellteilung und wirkt zum anderen im Zytoplasma als Apoptose-Inhibitor (58).

Durch seine Rolle bei der Zellzyklus-Kontrolle und der Apoptose, zweier entscheidender Prozesse in der Onkogenese, hat Survivin immer mehr an Bedeutung für die Krebsforschung gewonnen (59, 65). Es konnte gezeigt werden, dass Survivin in nahezu allen malignen Tumoren überexprimiert ist und mit einem schnellen Fortschreiten der Erkrankung und einer erhöhten Therapieresistenz assoziiert ist, weshalb es einen vielversprechenden Angriffspunkt für die Krebstherapie darstellt (59), (70–73). Die subzelluläre Lokalisation scheint hierbei ebenfalls den Krankheitsverlauf und die Prognose zu beeinflussen (74). So ist eine vorwiegend zytoplasmatische Lokalisation des Proteins mit einem ungünstigen Krankheitsverlauf und erhöhter Chemotherapie-Resistenz assoziiert (60), (78).

Dem Export von Survivin ins Zytoplasma sowie auch der Ausübung seiner Funktion als Zellzyklus-Regulator, liegt eine Interaktion mit dem Exportrezeptor Crm1 zugrunde (58, 60). Bei der Wechselwirkung von Survivin mit Crm1, bei welcher Survivin als Monomer vorliegen soll, und seiner Homodimerisierung scheint es sich um konkurrierende Prozesse zu handeln (63). Die Regulation der Dimerisierung von Survivin ist hierbei jedoch noch nicht vollständig verstanden. Es gibt jedoch Hinweise darauf, dass die Acetylierung von Survivin an Lysin 129 dabei eine Rolle spielt (64).

Im Rahmen dieser Arbeit sollten die Mechanismen der Survivin-Dimerisierung näher aufgeklärt werden. Hierzu wurden die Auswirkungen einer Acetylierung an Lysin 129 und die Bedeutung eines intakten nukleären Exportsignals (NES) auf die Dimerisierung von Survivin analysiert. Zudem wurde der Effekt des Survivin-Antagonisten S12 auf die Dimerisierung des Proteins untersucht. Neben biochemischen Methoden wie Gelfiltrationsanalysen und CD-Spektroskopie an rekombinant hergestellten Proteinen sollte darüber hinaus ein zellbasierter FRET-Assay zur *in vivo* Untersuchung der Survivin-Dimerisierung etabliert werden.

4.1 Auswirkungen der Acetylierung an Lysin 129 auf die Dimerisierung von Survivin

Die Interaktion von Survivin mit dem Exportrezeptor Crm1 ist essentiell für den Transport des Proteins ins Zytoplasma, wo es als Apoptose-Inhibitor wirkt, und für die Ausübung seiner Funktion als Zellzyklus-Regulator (58, 60). Es konnte gezeigt werden, dass der Kernexport von Survivin entscheidend für die Tumor-fördernde Wirkung des Proteins ist (79). Bei der Interaktion von Survivin mit Crm1 als Monomer und seiner Homodimerisierung scheint es sich um zwei konkurrierende Prozesse zu handeln (63). Jedoch ist nicht genau verstanden, wie ein Wechsel zwischen der monomeren und dimeren Form des Proteins reguliert ist.

Neuere Forschungsergebnisse haben gezeigt, dass eine Acetylierung an Lysin 129 die Dimerisierung und somit auch die subzelluläre Lokalisation von Survivin regulieren könnte (64). So führt laut Wang et al. eine Acetylierung an der Position 129 zu einer Homodimerisierung von Survivin, wodurch der Crm1-vermittelte Kernexport verhindert oder zumindest eingeschränkt wird und es zu einer nukleären Akkumulation des Proteins kommt. In der Studie erfolgte die Untersuchung der Acetylierung mit Hilfe der Acetylierungs-Mutanten K129A, K129E, K129Q und K129R. Eine Mutation des Lysins an Position 129 zu Alanin (K129A) oder zu Glutamin (K129Q) diente hierbei dem Nachahmen einer Acetylierung an dieser Position. Die Acetylierungs-Mutanten, bei welchen Lysin zu Glutaminsäure (K129E) oder Arginin (K129R) mutiert wurde, dienten als nicht-acetylierbare Kontrollen (64). Es wurde in der Studie von Wang et al. gezeigt, dass die K129A- und K129Q-Mutanten vorwiegend im Nukleus lokalisieren, während die nicht-acetylierbaren Mutanten K129E und K129R vorwiegend zytoplasmatisch vorliegen. Zudem konnte mittels Immunopräzipitation (IP) und FRET-Analyse gezeigt werden, dass die als nicht-acetylierbare Kontrolle eingesetzte K129E-Mutante, im Gegensatz zum Wildtyp, vor allem als Monomer existiert und stärker an den Exportrezeptor Crm1 bindet. Diese Ergebnisse würden bestätigen, dass es sich bei der Homodimerisierung und dem Crm1-vermittelten Kernexport um konkurrierende Prozesse handelt und zudem zeigen, dass eine Acetylierung von Lysin 129 eine entscheidende Rolle bei der Regulation der Survivin-Dimerisierung spielt.

Um die Bedeutung einer Acetylierung an Position 129 für die Dimerisierung von Survivin zu verifizieren und näher zu untersuchen, sollte in dieser Arbeit die Methode der Gelfiltration etabliert werden.

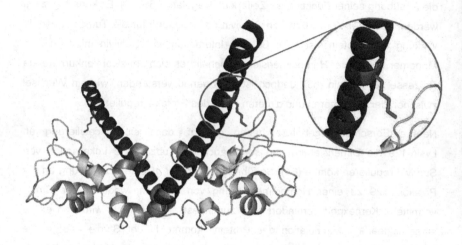

Abbildung 2: Schematische Darstellung des Lysins an Position 129 im Survivin Homodimer
Dargestellt ist die 3D-Struktur des Survivin Homodimers. Survivin ist aus einer N-terminalen BIR-Domäne (AS 15-97, grün) und einer C-terminalen α-Helix (AS 99-142, blau) aufgebaut. Die mit dem nukleären Exportsignal überlappende Dimerisierungs-Stelle der beiden Survivin-Monomere ist in Orange dargestellt (AS 4-10 und 89-102). Der vergrößerte Ausschnitt zeigt das Lysin an Position 129 (rot) (verändert nach (80), PDB ID: 1E31).

4.1.1 Testexpression der Acetylierungs-Mutanten in *E. coli* SoluBL21 Bakterien

Zunächst wurden die Survivin-Mutanten K129A, K129E, K129Q und K129R sowie der Survivin-Wildtyp (WT) und eine Dimerisierungs-Mutante des Proteins (F101A L102A), für die gezeigt wurde, dass sie nicht mehr in der Lage ist Dimere zu bilden, in einen geeigneten Expressionsvektor kloniert (63). Für die Expression der Konstrukte in *E. coli* wurde der pET41-GST-PreSc-Vektor verwendet. Dieser Vektor ermöglicht die Expression der verschiedenen Survivin-Mutanten mit einem N-terminalen GST-Tag, welcher die Reinigung der Proteine über Glutathion-

Sepharose-Beads ermöglicht. Durch die zwischen dem Protein und dem GST-Tag vorliegende Schnittstelle der PreScission-Protease kann der GST-Tag anschließend durch Zugabe der Protease wieder vom Protein entfernt werden (s. Abschnitt 3.3.1). Die Expression erfolgte in *E. coli* SoluBL21 Bakterien.

Zunächst wurde die Expression der Survivin-Mutanten bei verschiedenen Bedingungen getestet. So wurden die *E. coli* SoluBL21 Bakterien bei einer optischen Dichte (OD) von 0,3, 0,6 oder 1,0 mit 1 mM IPTG induziert, um die idealen Bedingungen für die Induktion zu ermitteln. Zudem wurde die Expression über einen Zeitraum von 3 h, 6 h und 24 h getestet. Nach erfolgtem Aufschluss und der Zentrifugation der Proteinproben wurde die Proteinexpression mit Hilfe von SDS-Gelelektrophorese analysiert (s. Abschnitt 3.3.3).

Die SDS-Gele der Testexpression, exemplarisch am Beispiel der Mutante K129E dargestellt, zeigen in den Proben nach Induktion jeweils eine prominente Bande bei einer Größe von 42 kDa, was der Größe von Survivin mit einem N-terminalen GST-Tag entspricht (Survivin: 16,5 kDa; GST: 26 kDa). Die rekombinant hergestellte Proteinmenge scheint nach einer Expressionszeit von 6 h und 24 h größer zu sein als nach 3 h. Da die Ausbeute in der löslichen Fraktion (ÜB) bei einer Induktion der Bakterien bei einer OD von 0,6 und einer Expression über 6 h am größten ist (Kasten), wurden diese Expressionsbedingungen für die nachfolgenden Versuche beibehalten (s. Abbildung 3). Die Testexpression wurde für die anderen Survivin-Mutanten analog durchgeführt. Auch hier wurde bei einer Induktion der Bakterien bei einer OD von 0,6 und einer Expression über 6 h die größte lösliche Proteinmenge exprimiert.

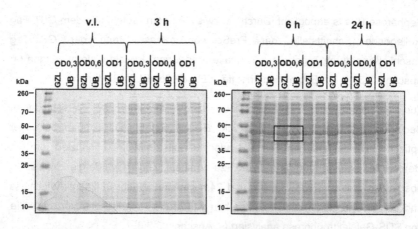

Abbildung 3: Testexpression der Acetylierungs-Mutante K129E

Die Abbildung zeigt, exemplarisch für alle getesteten K129-Mutanten, die Ergebnisse der Testexpression der Acetylierungs-Mutante K129E. Die Expression erfolgte in *E. coli* SoluBL21 Bakterien bei 30 °C. Die Induktion der Expression erfolgte mit 1 mM IPTG bei einer OD von 0,3, 0,6 und 1. Probenentnahmen erfolgen vor Induktion (v. I.) sowie 3 h, 6 h und 24 h nach Induktion jeweils vom Gesamtzelllysat (GZL) und dem Überstand (ÜB) nach Zentrifugation. Als beste Expressionsbedingungen für die Acetylierungs-Mutanten wurden eine Induktion bei einer OD von 0,6 und eine Expression über 6 h identifiziert (Kasten). Die Färbung der Gele erfolgte mit einer Coomassie-Lösung.

4.1.2 Herstellung der Acetylierungs-Mutanten in *E. coli* SoluBL21 Bakterien

Die Herstellung der Acetylierungs-Mutanten K129A, K129E, K129Q und K129R sowie des Wildtyps und der Dimerisierungs-Mutante (F101A L102A) erfolgte unter den zuvor optimierten Expressionsbedingungen (s. Abschnitt 4.1.1) in *E. coli* SoluBL21 Bakterien. Die Reinigung der rekombinanten GST-Fusionsproteine erfolgte über Glutathion-Sepharose-Beads (s. Abschnitt 3.3.1). Durch die anschließende Zugabe von PreScission-Protease wurde der GST-Tag von den Proteinen entfernt. Die Proteine wurden anschließend durch eine Elution über Polyprep-Säulen von den Beads getrennt und die erfolgreiche Reinigung der Proteine mittels SDS-Gelelektrophorese überprüft (s. Abschnitt 3.3.3).

In den Proben des Gesamtzelllysats (GZL) ist jeweils eine deutliche Bande bei etwa 42 kDa zu erkennen, was der Größe der Survivin-GST-Fusionsproteine entspricht (Survivin: 16,5 kDa; GST: 26 kDa). In den Proben des Überstands

(ÜB1), die nach der Zentrifugation des Gesamtzelllysats entnommen wurden, ist ebenfalls eine prominente Bande auf Höhe von 42 kDa zu erkennen. Nach erfolgter Bindung der GST-Fusionsproteine an die Glutathion-Sepharose-Beads und Zentrifugation wurden Proben der Beads (B1) und des Überstands (ÜB2) genommen. Es ist zu erkennen, dass der Großteil der Fusionsproteine erfolgreich an die Beads gebunden hat: In den Proben der Beads ist jeweils eine starke Bande im Bereich von 42 kDa zu erkennen, während im Überstand jeweils nur eine sehr schwache Bande zu sehen ist. In den darauffolgenden Waschfraktionen (W1 und W2) sind keine bzw. nur sehr schwache Protein-Banden zu erkennen. Unspezifisch an die Beads gebundene Proteine konnten demnach durch die Waschgänge entfernt werden. Nach Zugabe der PreScission-Protease und dem Auftragen auf die Polyprep-Säulen wurden Proben von den drei Eluaten und anschließend von den auf der Säule verbliebenen Beads genommen. In den Eluat-Fraktionen (E1, E2 und E3) ist jeweils, mit absteigender Intensität, eine Bande im Bereich von 17 kDa zu erkennen, was der Größe von Survivin entspricht. Dies spricht für eine erfolgreiche Trennung des Survivin-Proteins vom GST-Tag und den Glutathion-Sepharose-Beads. In den Proben der Beads sind jeweils drei Banden zu erkennen. Eine schwache Bande befindet sich im Bereich von 17 kDa, wobei es sich um Reste von nicht-eluiertem Survivin handeln könnte. Die zweite, starke Bande entspricht mit ihrer Größe von etwa 26 kDa vermutlich dem GST-Tag, während es sich bei der dritten Bande mit einer Größe von etwa 42 kDa um ungeschnittene GST-Survivin-Fusionsproteine handeln könnte.

Es konnte gezeigt werden, dass die rekombinant hergestellten Proteine des Survivin-Wildtyps, der Dimerisierungs-Mutante sowie der Acetylierungs-Mutanten K129A, K129E, K129Q und K129R mit Hilfe der Glutathion-Sepharose-Beads und der PreScission-Protease erfolgreich aus dem Gesamtzelllysat isoliert und gereinigt werden konnten.

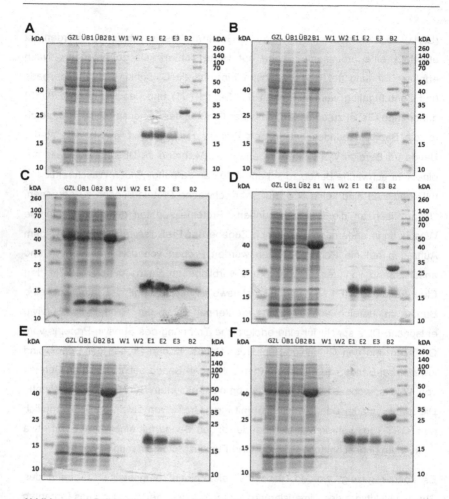

Abbildung 4: Reinigung der rekombinant hergestellten Acetylierungs-Mutanten über Glutathion-Sepharose-Beads

Die Proben der einzelnen Schritte der Proteinreinigung des Survivin-Wildtyps (A), der Dimerisierungs-Mutante (B) sowie der Acetylierungs-Mutanten K129A (C), K129E (D), K129Q (E) und K129R (F) wurden auf SDS-Gele aufgetragen. Die Färbung der Gele erfolgte mit Coomassie-Lösung. Es wurden jeweils Proben des Gesamtzelllysats (GZL), des Überstands nach Zentrifugation des Gesamtzelllysats (ÜB1), des Überstands (ÜB2) und der Beads (B1) nach erfolgter Bindung der Proteine an die Beads, der beiden Waschfraktionen (W1, W2), der drei Eluatfraktionen (E1, E2, E3) sowie der Beads nach erfolgter Elution (B2) aufgetragen.

4.1.3 Analyse der Acetylierungs-Mutanten mittels Gelfiltration

Die Analyse des Dimerisierungs-Verhaltens der Acetylierungs-Mutanten K129A, K129E, K129Q und K129R erfolgte mittels Gelfiltration. Als Vergleich dienten das Wildtyp-Survivin, welches in Lösung Homodimere bildet, und die Dimerisierungs-Mutante (F101A L102A), die ausschließlich in monomerer Form vorliegt. Die Proteine wurden über die Superdex 75 10/300 GL Säule (GE Healthcare Sciences) fraktioniert. Als Puffer wurde PBS mit 2,5 mM β-Mercaptoethanol verwendet. Zwischen einem Retentionsvolumen von 8 ml und 13 ml erfolgte eine Fraktionierung in 250 μl-Schritten. Die Messung der Absorption erfolgte bei 280 nm.

In Abbildung 5 sind die Chromatogramme der Acetylierungs-Mutanten, des Survivin-Wildtyps sowie der Dimerisierungs-Mutante zu sehen. Das Chromatogramm des Wildtyps zeigt zwei Peaks: Einen hohen Peak bei einem Retentionsvolumen von etwa 9,6 ml (Dimer-Peak) und einen kleineren Peak bei einem Retentionsvolumen von etwa 10,5 ml (Monomer-Peak). Dies bestätigt, dass Survivin in Lösung vor allem in der dimeren Form vorliegt. Im Gegensatz dazu ist bei der Dimerisierungs-Mutante lediglich ein Monomer-Peak bei einem Retentionsvolumen von 10,5 ml zu erkennen. Alle Acetylierungs-Mutanten zeigen, ähnlich dem Wildtyp, einen prominenten Dimer-Peak und lediglich einen schwach ausgeprägten Monomer-Peak.

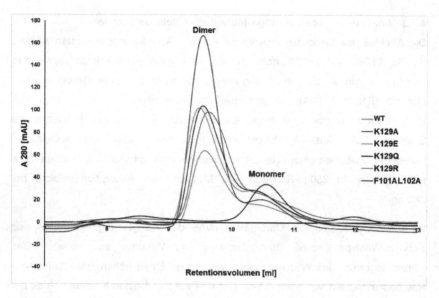

Abbildung 5: Analyse des Dimerisierungs-Verhaltens der Acetylierungs-Mutanten mittels Gelfiltration

Gezeigt sind die Chromatogramme des Wildtyps (WT, grün), der Dimerisierungs-Mutante (F101A L102A, rot) sowie der Acetylierungs-Mutanten K129A (blau), K129E (orange), K129Q (violett) und K129R (grau) zwischen einem Retentionsvolumen von 7 ml und 13 ml. Die Messung der Absorption erfolgte bei einer Wellenlänge von 280 nm.

Da es aufgrund der verschiedenen Intensitäten der Peaks nicht möglich war, den Anteil an vorliegendem Monomer und Dimer direkt zu vergleichen, wurde für eine qualitative Aussage über das Monomer-Dimer-Verhältnis sowohl der Monomer- als auch der Dimer-Peak integriert und das Verhältnis zwischen den berechneten Flächen gebildet (s. Abbildung 6).

Der Wildtyp sowie die Acetylierungs-Mutanten K129E, K129Q und K129R lagen mit 71-74 % vorwiegend in der dimeren Form vor (WT: 72 % Dimer; K129E: 74 % Dimer; K129Q: 73 % Dimer; K129R: 71 % Dimer). Die Acetylierungs-Mutante K129A lag mit einem Anteil von 85 % noch häufiger als Dimer vor. Bei der Dimerisierungs-Mutante betrug der Anteil des Monomer-Peaks im Vergleich zum Dimer-Peak 92 %, wodurch bestätigt wurde, dass die Mutante nahezu ausschließlich als Monomer vorliegt. Im Gegensatz dazu schienen alle Acetylierungs-Mutanten und der Wildtyp fast ausschließlich als Dimer vorzuliegen.

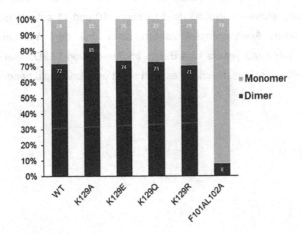

Abbildung 6: Verhältnis zwischen monomerer und dimerer Form der Acetylierungs-Mutanten

Durch die Integration des Monomer- und des Dimer-Peaks der Chromatogramme der Gelfiltration von Wildtyp, Dimerisierungs-Mutante sowie den Acetylierungs-Mutanten K129A, K129E, K129Q und K129R wurden die Verhältnisse zwischen den als Monomer (hellblau) und als Dimer (dunkelblau) vorliegenden Proteinen berechnet.

Um zu bestätigen, dass es sich bei dem in der Gelfiltration eluierten Protein um das auf die Säule aufgetragene Survivin handelt, wurden einige der eluierten Fraktionen mittels SDS-Gelelektrophorese analysiert. Untersucht wurden die sechste und die siebte Fraktion, die einem Retentionsvolumen von 9,25 ml bis 9,5 ml bzw. 9,5 ml bis 9,75 ml entsprechen und somit im Bereich des Dimer-Peaks liegen. Außerdem wurden die zehnte und die elfte Fraktion durch SDS-Gelelektrophorese analysiert, da diese einem Retentionsvolumen von 10,25 ml bis 10,5 ml bzw. 10,5 ml bis 10,75 ml entsprechen und somit im Bereich des Monomer-Peaks liegen.

Die in Abbildung 7 gezeigten SDS-Gele, auf denen die Proben der sechsten und der siebten Fraktion der Gelfiltration aufgetragen wurden, zeigen bei allen

Acetylierungs-Mutanten eine deutliche Bande bei etwa 17 kDa, was der Größe von Survivin entspricht. Lediglich bei der Dimerisierungs-Mutante ist keine Bande im Bereich von 17 kDa zu erkennen, jedoch deutete schon das Chromatogramm darauf hin, dass im Bereich des Dimer-Peaks kaum Protein eluiert wurde. Die SDS-Gele, auf welche die Proben der Fraktionen 10 und 11 aufgetragen wurden, zeigen bei allen Acetylierungs-Mutanten sowie bei dem Wildtyp und der Dimerisierungs-Mutante jeweils eine Bande im Bereich von 17 kDa. Bei dem in der Gelfiltration eluierten Protein scheint es sich somit um Survivin zu handeln.

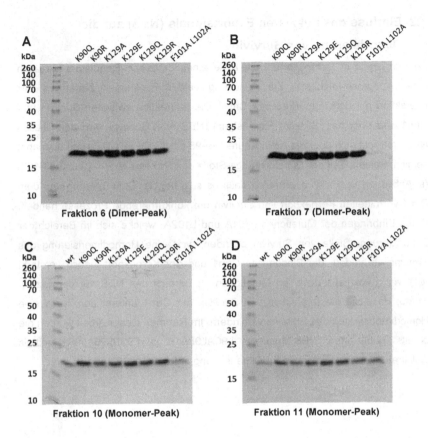

Abbildung 7: Gelelektrophoretische Auftrennung der bei der Gelfiltration eluierten Fraktionen des Dimer- und des Monomer-Peaks

Die bei der Gelfiltration gewonnenen Fraktionen 6 (A) und 7 (B), die dem Dimer-Peak entsprechen, sowie 10 (C) und 11 (D), die dem Monomer-Peak entsprechen, wurden SDS-gelelektrophoretisch aufgetrennt. Die SDS-Gele wurden mittels Coomassie-Lösung gefärbt.

Zusammenfassend wurde gezeigt, dass die Survivin-Acetylierungs-Mutanten K129A, K129E, K129Q, und K129R, zumindest bei der Analyse durch Gelfiltration, überwiegend in der dimeren Form vorliegen und sich somit nicht vom Wildtyp unterscheiden. Dies würde im Gegensatz zu in der Arbeit von Wang *et al.* veröffentlichten Daten stehen, nach welchen die K129E-Mutante im Vergleich zum Wildtyp einen deutlich höheren monomeren Protein-Anteil aufweisen soll (64).

4.2 Einfluss des nukleären Exportsignals (NES) auf die Dimerisierung von Survivin

Survivin erfüllt in Zellen sowohl die Rolle eines Zellzyklus-Regulators als auch eines Apoptose-Inhibitors. Zur Ausübung beider Funktionen bedarf es der Interaktion mit dem Exportrezeptor Crm1. Die Interaktion zwischen Survivin und Crm1 wird über das nukleäre Exportsignal (NES) von Survivin vermittelt. Dieses NES erstreckt sich über die Aminosäuren 89-98 (^{89}VKKQFEELTL^{98}) und überlappt somit mit einem Teil der Dimerisierungs-Stelle des Proteins (AS 4-10 und 89-102) (s. Abbildung 8). Es wird vermutet, dass es sich bei der Dimerisierung und dem Crm1-vermittelten Kernexport von Survivin um konkurrierende Prozesse handelt: Durch Einbringen der Mutationen F101A und L102A, welche sich im Bereich der Dimerisierungs-Stelle von Survivin befinden, wird eine Homodimerisierung des Proteins verhindert, die Bindung an Crm1 und der Kernexport jedoch verstärkt (81). Nicht klar ist jedoch, ob Mutationen im Bereich des NES, für die gezeigt wurde, dass sie die Interaktion von Survivin mit Crm1 unterbinden, auch eine Homodimerisierung des Proteins verhindern. Im Rahmen dieser Arbeit wurden die bereits publizierten NES-Mutanten L96AL98A und F93PL96AL98A mittels Gelfiltration auf ihre Fähigkeit zur Dimerisierung untersucht (60).

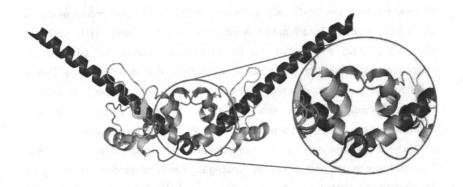

Abbildung 8: Schematische Darstellung des NES und der Dimerisierungs-Stelle von Survivin

Survivin besteht aus einer N-terminalen BIR-Domäne (AS 15-97, grün) und einer C-terminalen α-Helix (AS 99-142, blau). Der vergrößerte Ausschnitt zeigt das nukleäre Exportsignal (NES), welches die Interaktion mit dem Exportrezeptor Crm1 vermittelt (AS 89-98, rot) und mit der Dimerisierung-Stelle (AS 4-10 und 89-102, rot bzw. orange) überlappt (verändert nach (80), PDB ID: 1E31).

4.2.1 Herstellung der NES-Mutanten in *E. coli* SoluBL21 Bakterien

Die Herstellung der NES-Mutanten L96AL98A und F93PL96AL98A sowie des Wildtyps und der Dimerisierungs-Mutante (F101A L102A) erfolgte unter den zuvor optimierten Expressionsbedingungen (s. Abschnitt 4.1.1) in *E. coli* SoluBL21 Bakterien. Die Reinigung der rekombinanten GST-Fusionsproteine erfolgte erneut über Glutathion-Sepharose-Beads (s. Abschnitt 3.3.1). Durch anschließende Zugabe von PreScission-Protease wurde der GST-Tag von den Proteinen entfernt. Die Proteine wurden durch Elution über Polyprep-Säulen von den Beads getrennt und die erfolgreiche Reinigung der Proteine mittels SDS-Gelelektrophorese überprüft (s. Abbildung 9).

In den Proben des Gesamtzelllysats (GZL) ist jeweils eine deutliche Bande bei etwa 42 kDa zu erkennen, was der Größe der Survivin-GST-Fusionsproteine entspricht (Survivin: 16,5 kDa; GST: 26 kDa). In den Proben des Überstands (ÜB1), die nach der Zentrifugation des Gesamtzelllysats entnommen wurden, ist ebenfalls eine prominente Bande auf Höhe von 42 kDa zu erkennen. Nach erfolgter Bindung der GST-Fusionsproteine an die Glutathion-Sepharose-Beads und anschließender Zentrifugation wurden Proben der Beads (B1) und des Überstands (ÜB2) entnommen. Es ist zu erkennen, dass der Großteil der Fusionsproteine erfolgreich an die Beads gebunden hat: In den Proben der Beads befindet sich jeweils eine starke Bande im Bereich von 42 kDa, während im Überstand jeweils nur eine sehr schwache Bande zu sehen ist. In den darauffolgenden Waschfraktionen (W1 und W2) sind keine bzw. nur sehr schwache Protein-Banden zu erkennen. Unspezifisch an die Beads gebundene Proteine konnten demnach durch die Waschgänge entfernt werden. Nach Zugabe der PreScission-Protease und dem Auftragen auf die Polyprep-Säulen wurden Proben von den drei Eluaten und anschließend von den auf der Säule verbliebenen Beads entnommen. In den Eluat-Fraktionen (E1, E2 und E3) ist jeweils, mit absteigender Intensität, eine Bande im Bereich von 17 kDa zu sehen, was der Größe von Survivin entspricht. Die Trennung des Survivin von dem GST-Tag und den Glutathion-Sepharose-Beads scheint somit erfolgreich gewesen zu sein. In den Proben der Beads sind jeweils drei Banden zu erkennen. Eine schwache Bande befindet sich im Bereich von 17 kDa, wobei es sich um Reste von nicht-eluiertem Survivin handeln könnte. Die zweite, starke Bande entspricht aufgrund ihrer Größe von etwa 26 kDa vermutlich dem GST-Tag, während es sich bei der dritten Bande mit einer Größe von etwa 42 kDa um ungeschnittene GST-Survivin-Fusionsproteine handeln könnte (s. Abbildung 9).

Es konnte somit gezeigt werden, dass die rekombinant hergestellten Proteine des Survivin-Wildtyps, der Dimerisierungs-Mutante sowie der NES-Mutanten L96AL98A und F93PL96AL98A mit Hilfe der Glutathion-Sepharose-Beads und der PreScission-Protease erfolgreich aus dem Gesamtzelllysat isoliert und gereinigt werden konnten.

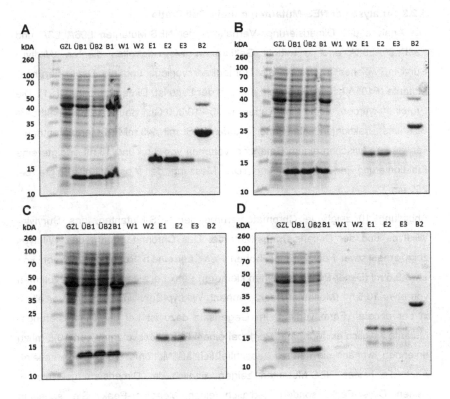

Abbildung 9: Reinigung der rekombinant hergestellten NES-Mutanten über Glutathion-Sepharose-Beads

Die Proben der einzelnen Schritte der Proteinreinigung des Survivin-Wildtyps (A), der Dimerisierungs-Mutante (B) sowie der NES-Mutanten L96AL98A (C) und F93PL96AL98A (D) wurden auf SDS-Gele aufgetragen. Die Färbung der Gele erfolgte mit Coomassie-Lösung. Es wurden jeweils Proben des Gesamtzelllysats (GZL), des Überstands nach Zentrifugation des Gesamtzelllysats (ÜB1), des Überstands (ÜB2) und der Beads (B1) nach erfolgter Bindung der Proteine an die Beads, der beiden Waschfraktionen (W1, W2), der drei Eluatfraktionen (E1, E2, E3) sowie der Beads nach erfolgter Elution (B2) aufgetragen.

4.2.2 Analyse der NES-Mutanten mittels Gelfiltration

Die Analyse des Dimerisierungs-Verhaltens der NES-Mutanten L96AL98A und F93PL96AL98A erfolgte mittels Gelfiltration. Als Kontrollen dienten Wildtyp-Survivin, welches in Lösung als Homodimer vorliegt, und die Dimerisierungs-Mutante (F101A L102A), die nicht mehr in der Lage ist, Dimere zu bilden (81). Die Proteine wurden über die Superdex 75 10/300 GL Säule (GE Healthcare Sciences) fraktioniert. Als Puffer wurde PBS mit 2,5 mM β-Mercaptoethanol verwendet. Zwischen einem Retentionsvolumen von 8 ml und 13 ml erfolgte eine Fraktionierung in 250 µl-Schritten. Die Messung der Absorption erfolgte bei 280 nm.

Abbildung 10 zeigt die Chromatogramme der NES-Mutanten, des Survivin-Wildtyps und der Dimerisierungs-Mutante. Das Chromatogramm des Wildtyps zeigt erneut zwei Peaks: Einen hohen Peak bei einem Retentionsvolumen von etwa 9,6 ml (Dimer-Peak) und einen kleineren Peak bei einem Retentionsvolumen von etwa 10,5 ml (Monomer-Peak), wonach Wildtyp-Survivin in Lösung vor allem in der dimeren Form vorliegt. Im Gegensatz dazu ist bei der Dimerisierungs-Mutante lediglich ein Monomer-Peak bei einem Retentionsvolumen von 10,5 ml zu erkennen, wonach sie nahezu ausschließlich als Monomer vorzuliegen scheint. Auch die beiden NES-Mutanten zeigen, ähnlich der Dimerisierungs-Mutante, keinen Dimer-Peak, sondern lediglich einen Monomer-Peak. Sie scheinen demnach ebenfalls vorwiegend in monomerer Form vorzuliegen.

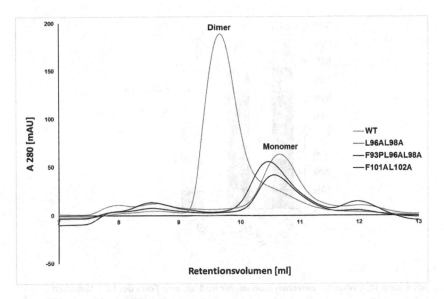

Abbildung 10: Analyse des Dimerisierungs-Verhaltens der NES-Mutanten mittels Gelfiltration

Gezeigt sind die Chromatogramme des Wildtyps (WT, grün), der Dimerisierungs-Mutante (F101A L102A, rot) sowie der NES-Mutanten L96AL98A (blau) und F93PL96AL98A (violett) im Retentionsvolumen-Bereich von 7 ml und 13 ml. Die Messung der Absorption erfolgte bei einer Wellenlänge von 280 nm.

Um den Anteil an vorliegendem Monomer und Dimer zu quantifizieren, wurden der Monomer- und der Dimer-Peak integriert, und das Verhältnis der Flächen wurde berechnet (s. Abbildung 11).

Der Wildtyp lag mit 77 % vorwiegend in der dimeren Form vor. Bei der Dimerisierungs-Mutante betrug der Anteil des Monomer-Peaks im Vergleich zum Dimer-Peak 90 %, wonach die Mutante nahezu ausschließlich als Monomer vorliegt. Die beiden NES-Mutanten lagen mit 87 % (L96AL98A) und 88 % (F93PL96AL98A) ebenfalls fast vollständig in monomerer Form vor (s. Abbildung 11).

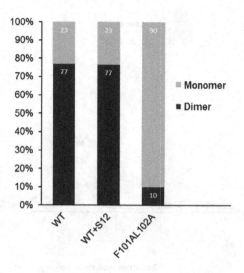

Abbildung 11: Verhältnis zwischen monomerer und dimerer Form der NES-Mutanten
Durch eine Integration des Monomer- und des Dimer-Peaks der Chromatogramme der Gelfiltration
von Wildtyp, Dimerisierungs-Mutante sowie den NES-Mutanten L96AL98A und F93PL96AL98A
wurden die Verhältnisse zwischen den als Monomer (hellblau) und als Dimer (dunkelblau)
vorliegenden Proteinen berechnet.

Um zu überprüfen, ob es sich bei dem in der Gelfiltration eluierten Protein um das
auf die Säule aufgetragene Survivin handelt, wurden einige der eluierten
Fraktionen mittels SDS-Gelelektrophorese analysiert. Untersucht wurden die
sechste und die siebte Fraktion, die einem Retentionsvolumen von 9,25 ml bis
9,5 ml bzw. 9,5 ml bis 9,75 ml entsprechen und somit im Bereich des Dimer-Peaks
liegen. Außerdem wurden die zehnte und die elfte Fraktion durch SDS-
Gelelektrophorese analysiert, da diese einem Retentionsvolumen von 10,25 ml bis
10,5 ml bzw. 10,5 ml bis 10,75 ml entsprechen und somit im Bereich des
Monomer-Peaks liegen.

Die in Abbildung 12 gezeigten SDS-Gele, auf welchen die Proben der sechsten
und der siebten Fraktion der Gelfiltration aufgetragen wurden, zeigen beim Wildtyp
eine Bande, die bei etwa 17 kDa liegt, was der Größe von Survivin entspricht. Bei
den Proben der NES-Mutanten und der Dimerisierungs-Mutante sind keine
Banden zu erkennen, jedoch deutete schon das Chromatogramm darauf hin, dass

im Bereich des Dimer-Peaks kaum Protein eluiert wurde. Die SDS-Gele, auf welche die Proben der Fraktionen 10 und 11 aufgetragen wurden, zeigen bei den NES-Mutanten sowie beim Wildtyp und der Dimerisierungs-Mutante jeweils eine Bande im Bereich von 17 kDa. Bei dem in der Gelfiltration eluierten Protein scheint es sich somit um Survivin zu handeln.

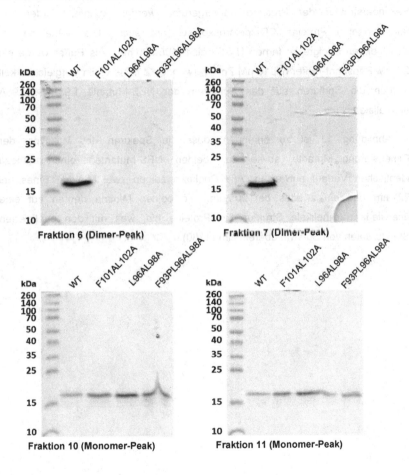

Abbildung 12: Gelelektrophoretische Auftrennung der bei der Gelfiltration eluierten Fraktionen des Dimer- und des Monomer-Peaks
Die bei der Gelfiltration gewonnen Fraktionen 6 (A) und 7 (B), die dem Dimer-Peak entsprechen, sowie 10 (C) und 11 (D), die dem Monomer-Peak entsprechen, wurden SDS-gelelektrophoretisch aufgetrennt. Die SDS-Gele wurden mittels Coomassie-Lösung gefärbt.

4.2.3 CD-spektroskopische Analyse der NES-Mutanten

Die Einführung von Mutationen kann bei einem Protein, basierend auf den unterschiedlichen chemischen Eigenschaften der Aminosäuren, zu Konformationsänderungen führen. Um zu überprüfen, ob das veränderte Dimerisierungs-Verhalten der NES-Mutanten durch eine veränderte Sekundärstruktur der Proteine hervorgerufen werden könnte, wurden die rekombinanten Proteine CD-spektroskopisch untersucht. Die Aufnahme der CD-Spektren erfolgte im fernen UV-Bereich (195-260 nm). Als Puffer wurde ein 20 mM Phosphat-Puffer mit 10 µM Zn^{2+} verwendet. Zur besseren Vergleichbarkeit wurden die Spektren auf das Spektrum der NES-Mutante F93PL96AL98A normalisiert.

In Abbildung 13 ist zu erkennen, dass die Spektren des Wildtyps, der Dimerisierungs-Mutante sowie der beiden NES-Mutanten einen nahezu identischen Verlauf aufweisen. Alle Spektren zeigen zwei Minima: Eines bei 221 nm und ein zweites bei 205 nm. Die beiden Minima deuten auf eine überwiegend α-helikale Struktur der Proteine hin, was mit den publizierten Strukturdaten von Survivin übereinstimmt (80).

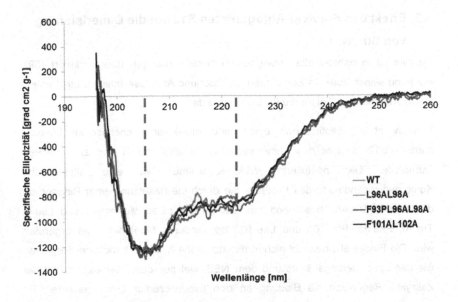

Abbildung 13: CD-spektroskopische Analyse der NES-Mutanten

Dargestellt sind die CD-Spektren des Wildtyps (grün), der Dimerisierungs-Mutante (rot) sowie der NES-Mutanten L96AL98A (blau) und F93PL96AL98A (violett). Die Aufnahme der CD-Spektren erfolgte im fernen UV-Bereich. Als Puffer wurde ein 20 mM Phosphat-Puffer mit 10 μM Zn^{2+} verwendet. Zur besseren Vergleichbarkeit wurden die Spektren auf das Spektrum der NES-Mutante F93PL96AL98A normalisiert.

Zusammenfassend wurde gezeigt, dass die Induktion der Mutationen L96AL98A und F93PL96AL98A im Bereich des mit der Dimerisierungsdomäne partiell überlappenden NES von Survivin die Dimerisierung des Proteins, zumindest bei der Analyse durch die Gelfiltration, zu verhindern scheint. Durch die CD-spektroskopische Untersuchung wurde gezeigt, dass die Einführung der Mutationen L96AL98A und F93PL96AL98A keine Veränderungen der Sekundärstruktur der Proteine verursacht hat.

4.3 Effekt des Survivin-Antagonisten S12 auf die Dimerisierung von Survivin

Survivin ist in nahezu allen malignen Tumorerkrankungen überexprimiert (59). Aufgrund seiner Rolle als Zellzyklus-Regulator und Apoptose-Inhibitor stellt es ein vielversprechendes Ziel für die Krebstherapie dar.

Berezov *et al.* identifizierten einen niedermolekularen chemischen Inhibitor namens S12, welcher das Tumorwachstum *in vitro* und *in vivo* zu inhibieren vermochte. Der postulierte Wirkmechanismus ist eine allosterische Konformationsänderung des Proteins, die durch die Besetzung einer Bindegrube des Survivin-Dimers, bestehend aus Leu 98 des einen Monomers und Leu 6, Trp 10, Phe 93, Phe 101 und Leu 102 des anderen Monomers, hervorgerufen wird. Die Bindestelle befindet sich in direkter Nähe funktionell wichtiger Regionen wie der Dimerisierungs-Stelle und dem NES, welches beim Kernexport und der Zellzyklus-Regulation die Bindung an den Exportrezeptor Crm1 vermittelt. Es wurde gezeigt, dass S12 durch eine Inhibition von Survivin einen Zellzyklus-Arrest während der Metaphase hervorruft, die Zellproliferation inhibiert sowie die Aktivierung von Caspasen und somit die Apoptose fördert. In einem Xenograft-Mausmodell konnte gezeigt werden, dass S12 das Tumorvolumen dosisabhängig signifikant reduzieren konnte, ohne dass toxische Effekte des Inhibitors beobachtet werden konnten. S12 scheint somit einen vielversprechenden Kandidaten für eine klinische Anwendung darzustellen (82).

Berezov *et al.* untersuchten durch Isotherme Titrationskalorimetrie (ITC) die Bindung des Inhibitors S12 an Survivin. Durch den Vergleich der Wildtyp-Form des Survivins mit den Mutanten F86A und V89Y konnte eine Bindung im Bereich der adressierten Bindegrube bestätigt werden. Jedoch wurde nicht untersucht, ob S12, da es in räumlicher Nähe zur Dimerisierungs-Stelle von Survivin bindet, mit der Dimerisierung des Proteins interferiert. Im Rahmen dieser Arbeit wurde mittels Gelfiltration untersucht, ob nach Zugabe des Inhibitors S12 noch immer eine Dimerisierung von Survivin möglich ist.

Hierzu wurde das gereinigte Wildtyp-Survivin bei einer Konzentration von 1 mg/ml mit 100 mM des Inhibitors S12 versetzt und für 2 h bei 4 °C auf dem Drehrad inkubiert. Die anschließende Analyse mittels Gelfiltration erfolgte über die

Superdex 75 10/300 GL Säule (GE Healthcare Sciences). Als Puffer wurde PBS mit 2,5 mM β-Mercaptoethanol verwendet. Die Messung der Absorption erfolgte bei 280 nm.

In Abbildung 14 sind die Chromatogramme des Wildtyps (WT) vor und nach Zugabe des Inhibitors S12 zu sehen. Die Chromatogramme von WT und WT+S12 zeigen jeweils zwei Peaks: Einen hohen Peak bei einem Retentionsvolumen von etwa 9,6 ml (Dimer-Peak) und einen kleinen Peak bei einem Retentionsvolumen von etwa 10,5 ml (Monomer-Peak), welcher teilweise in den Dimer-Peak übergeht. Sowohl vor, als auch nach Zugabe des Inhibitors scheint Survivin somit vorwiegend in dimerer Form vorzuliegen. Die Dimerisierungs-Mutante zeigt lediglich einen Peak bei einem Retentionsvolumen von 10,5 ml und scheint somit vorwiegend in monomerer Form vorzuliegen.

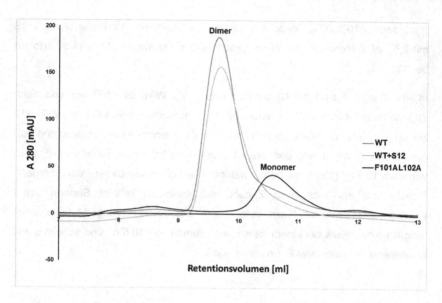

Abbildung 14: Analyse des Dimerisierungs-Verhaltens von Survivin nach Behandlung mit dem Survivin-Antagonisten S12

Gezeigt sind die Chromatogramme des Wildtyps (WT, grün), der Dimerisierungs-Mutante (F101AL102A, rot) sowie des Wildtyps nach 2-stündiger Inkubation mit 100 mM des Survivin-Antagonisten S12 (orange). Die Messung der Absorption erfolgte bei einer Wellenlänge von 280 nm.

Um die Anteile an vorliegendem Monomer und Dimer trotz unterschiedlicher Höhen der Peaks vergleichen zu können, wurden jeweils der Monomer- und der Dimer-Peak integriert, und das Verhältnis zwischen der monomeren und der dimeren Form wurde berechnet (s. Abbildung 15). Es ist zu erkennen, dass sich der Anteil von als Monomer und Dimer vorliegendem Protein nach Zugabe des Inhibitors S12 nicht verändert hat: Bei beiden Proben lag der Dimer-Anteil bei 77 %. Im Gegensatz dazu lag die Dimerisierungs-Mutante (F101AL102A) mit 90 % fast vollständig in monomerer Form vor (s. Abbildung 15).

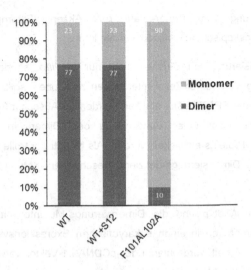

Abbildung 15: Verhältnis zwischen monomerer und dimerer Form nach Behandlung mit dem Survivin-Antagonisten S12
Durch eine Integration des Monomer- und des Dimer-Peaks der Chromatogramme der Gelfiltration des Survivin Wildtyp Proteins vor und nach zweistündiger Inkubation mit 100 mM des Survivin-Antagonisten S12 sowie der als Kontrolle mitgeführten Dimerisierungs-Mutante wurden die Verhältnisse zwischen den als Monomer (hellblau) und als Dimer (dunkelblau) vorliegenden Proteinen berechnet.

4.4 Etablierung eines FRET-Assays zur Analyse der Dimerisierung von Survivin *in vivo*

Der Föster-Resonanz-Energie-Transfer (FRET) basiert auf dem Prinzip der strahlungsfreien Energieübertragung zwischen zwei Fluorophoren. Hierbei wird ein Fluorophor als Donor und das andere als Akzeptor bezeichnet. Der Donor absorbiert Licht einer höheren Frequenz als der Akzeptor. Befinden sich Donor und Akzeptor in räumlicher Nähe (<10 nm), so kommt es zu einer strahlungsfreien Energieübertragung vom Donor auf den Akzeptor und somit zu einer Anregung des Akzeptors. Dieses Prinzip kann sich zu Nutze gemacht werden, um Interaktionen von Proteinen in lebenden Zellen zu analysieren. Hierzu wird einer der Interaktionspartner an ein Donor-Fluorophor und der andere an ein Akzeptor-Fluorophor gekoppelt. Bei einer Interaktion der Proteine findet eine

Energieübertragung vom Donor- auf das Akzeptor-Fluorophor statt, die fluoreszenzmikroskopisch quantifiziert werden kann.

Um die Dimerisierung von Survivin nicht nur *in vitro*, sondern auch in der natürlichen Umgebung einer Zelle untersuchen zu können, sollte in dieser Arbeit ein entsprechender FRET-Assay etabliert werden (s. Abschnitt 3.5.2). Der FRET-Assay sollte zunächst unter Verwendung des Dimerisierungs-kompetenten Survivin Wildtyp-Proteins entwickelt werden. Als Negativkontrolle sollte die bereits im Vorfeld als Dimerisierungs-defizient beschriebene Mutante F101AL102A dienen (81).

So wurden der Wildtyp und die Dimerisierungs-Mutante mit geeigneten N-terminalen Fluorophoren in einen eukaryotischen Expressionsvektor kloniert. In der vorliegenden Arbeit wurde hierzu der pCDNA3.1-Vektor verwendet sowie als Fluorophore das cyanblaue Cerulean und das gelb-fluoreszierende Citrine, bei welchen es sich um Varianten von CFP (*cyan fluorescent protein*) und YFP (*yellow fluorescent protein*) handelt und die als gängiges FRET-Paar eingesetzt werden (83, 84). Die Fluorophore wurden an den N-Terminus von Survivin gekoppelt, da die C-Termini im Survivin-Dimer so weit voneinander entfernt sind, dass der Abstand zwischen den Fluorophoren vermutlich mehr als 10 nm betragen würde und somit keine Energieübertragung und kein FRET stattfinden könnte (s. Abschnitt 3.5.2).

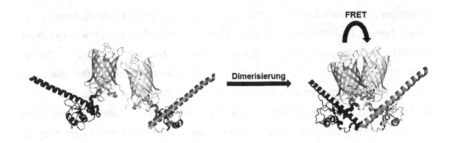

Abbildung 16: Schema der FRET-Aktivität bei der Dimerisierung von Cerulean-Survivin und Citrine-Survivin

Bei der Dimerisierung von Cerulean-Survivin (cyan/dunkelgrau; links) und Citrine-Survivin (gelb/hellgrau; rechts) kommt es zu einer strahlungsfreien Energieübertragung zwischen den Fluorophoren Cerulean und Citrine (verändert nach (80), (85) und (86). PDB ID Survivin: 1E31; PDB ID Cerulean: 2WSO; PDB ID Citrine: 3DPW).

4.4.1 Analyse der Expression der FRET-Konstrukte im eukaryotischen System

Um nach Klonierung der FRET-Konstrukte in den pCDNA3.1-Vektor die korrekte Expression zu überprüfen, wurden die 4 µg der Plasmide zur Herstellung von Zelllysaten in 293T-Zellen transfiziert (s. Abschnitt 3.4.4). Jeweils 20 µg Protein wurden auf ein SDS-Gel aufgetragen und elektrophoretisch aufgetrennt. Die Proteine wurden anschließend mittels Western Blot auf eine PVDF-Membran übertragen und per Antikörperfärbung detektiert. Die Detektion von α-Tubulin, einem konstitutiv exprimierten Strukturprotein, erfolgte als Ladekontrolle. Die FRET-Konstrukte Cerulean-SurvWT, Citrine-SurvWT, Cerulean-SurvF101AL102A und Citrine-SurvF101AL102A wurden mit Hilfe eines GFP-Antikörpers detektiert, welcher, da die Proteinsequenz der autofluoreszierenden Proteine Cerulean und Citrine nur in wenigen Aminosäuren von GFP abweicht, auch zur Detektion von Cerulean und Citrine geeignet ist.

Abbildung 17 A zeigt die α-Tubulin-Ladekontrolle. Bei allen vier aufgetragenen Proben ist eine Bande auf der Höhe von etwa 50 kDa zu erkennen, was der Größe von α-Tubulin entspricht. Da die Banden jedoch von unterschiedlicher Intensität sind, scheinen sich die Proteinkonzentrationen in den einzelnen Proben, trotz vorheriger Konzentrationsbestimmung durch einen Bradford-Assay, zu unterscheiden. In Abbildung 17 B ist die Detektion der FRET-Konstrukte Cerulean-SurvWT, Citrine-SurvWT, Cerulean-SurvF101AL102A und Citrine-SurvF101AL102A mit Hilfe eines anti-GFP-Antikörpers gezeigt. Bei allen vier aufgetragenen Proben ist eine deutliche Bande auf der Höhe von etwa 43 kDa zu erkennen, was dem errechneten Molekulargewicht von Cerulean-Survivin bzw. Citrine-Survivin entspricht. Somit scheinen alle Konstrukte korrekt exprimiert zu werden.

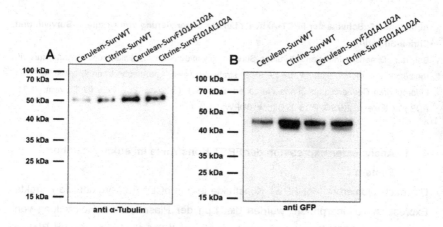

Abbildung 17: Kontrolle der Expression der FRET-Konstrukte mittels Western Blot
Die FRET-Konstrukte Cerulean-SurvWT, Citrine-SurvWT, Cerulean-SurvF101AL102A und Citrine-SurvF101AL102A wurden in 293T-Zellen transfiziert, von denen nach 24-stündiger Inkubation bei 37 °C und 5 % CO_2 Zelllysate hergestellt wurden. Nach Zentrifugation der Lysate wurde die Proteinmenge im Überstand bestimmt. Jeweils 20 µg des Proteingemischs wurden mittels SDS-Gelelektrophorese aufgetrennt und auf eine PVDF-Membran transferiert Die Detektion der FRET-Konstrukte und der Ladekontrolle α-Tubulin erfolgte mittels anti-GFP-Primärantikörper (A) bzw. anti-α-Tubulin-Primärantikörper (B) und einem an HRP-gekoppelten Sekundärantikörper. Die Entwicklung erfolgte für 10 min mit ECLPlus.

4.4.2 Testtransfektion der FRET-Konstrukte

Um die Transfektionseffizienz in den für die späteren FRET-Messungen zu verwendenden HeLa-Zellen zu testen, wurde zunächst eine Testtransfektion mit unterschiedlichen Mengen an Plasmid-DNA durchgeführt. Die FRET-Konstrukte Cerulean-SurvWT, Citrine-SurvWT, Cerulean-SurvF101AL102A und Citrine-SurvF101AL102A, die nach der Klonierung im pCDNA3.1-Vektor vorlagen, wurden mit Hilfe von Lipofectamin 2000 in HeLa-Zellen transfiziert (s. Abschnitt 3.4.3). Die Transfektion erfolgte in 170 µm-Zellkulturschalen mit wahlweise 100 ng, 300 ng oder 500 ng Plasmid-DNA. Die Transfektion der FRET-Konstrukte wurde nach 24-stündiger Inkubation der Zellen bei 37 °C und 5 % CO_2 am konfokalen Mikroskop überprüft.

In Abbildung 18 ist zu erkennen, dass alle FRET-Konstrukte bereits nach einer Transfektion mit 100 ng Plasmid-DNA eine hohe Transfektionseffizienz aufweisen, welche durch den Einsatz höherer DNA-Mengen nur leicht gesteigert werden konnte. Für die späteren FRET-Messungen wurden aufgrund dieser Ergebnisse von jedem der FRET-Konstrukte jeweils 125 ng Plasmid-DNA transfiziert. Abbildung 19 zeigt eine Ausschnittsvergrößerung der mit den FRET-Konstrukten transfizierten HeLa-Zellen. Es ist zu erkennen, dass alle vier Konstrukte fast ausschließlich zytoplasmatisch lokalisieren.

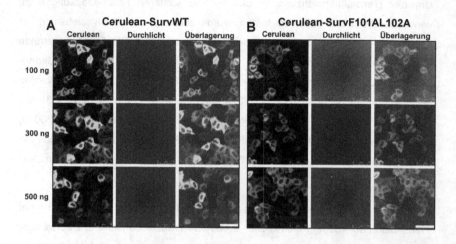

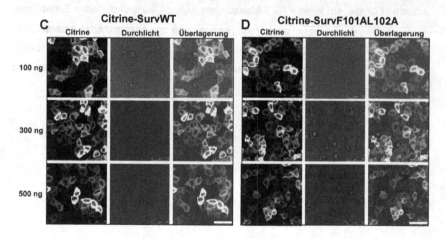

Abbildung 18: Testtransfektion der FRET-Konstrukte unter Einsatz verschiedener Mengen Plasmid-DNA

100 ng, 300 ng oder 500 ng Plasmid-DNA der FRET-Konstrukte Cerulean-SurvWT (A), Cerulean-SurvF101AL102A (B), Citrine-SurvWT (C) und Citrine-SurvF101AL102A (D) wurden in HeLa-Zellen transfiziert und die Zellen für 24 h bei 37 °C und 5 % CO_2 inkubiert. Die Aufnahme der Bilder erfolgte am konfokalen Laserscanning-Mikroskop TCS SP5 (Leica). Maßstabsbalken: 75 µm

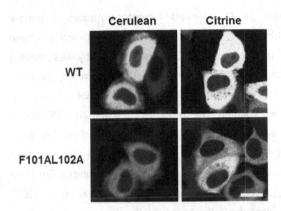

Cerulean   Citrine

WT

F101AL102A

Abbildung 19: Darstellung der intrazellulären Lokalisation der FRET-Konstrukte
Vergrößerte Aufnahme der mit den FRET-Konstrukten Cerulean-SurvWT, Citrine-SurvWT (WT), Cerulean-SurvF101AI102A und Citrine-SurvF101AL102A (DIM) transfizierten HeLa-Zellen. Maßstabsbalken: 12 µm

4.4.3 *Sensitized Emission* FRET-Assay

Durch die Etablierung eines FRET-Assays sollte ermöglicht werden, die Dimerisierung von Survivin nicht nur anhand rekombinant hergestellter Proteine *in vitro*, sondern auch in der natürlichen Umgebung einer Zelle zu untersuchen. Hierfür wurde zunächst die Methode des *Sensitized Emission* FRET-Assays getestet, um das Dimerisierungs-Verhalten der FRET-Konstrukte Cerulean-SurvWT, Citrine-SurvWT, Cerulean-SurvF101AL102A und Citrine-SurvF101AL102A zu untersuchen. Der *Sensitized Emission* FRET-Assay basiert auf der Messung der Akzeptor-Emission nach einer Anregung des Donors (s. Abschnitt 3.5.2). Hierfür wurden von den mit den FRET-Konstrukten transfizierten Zellen mit Hilfe des Laserscanning-Mikroskops TCS SP5 (Leica) der Reihe nach drei Bilder in verschiedenen Kanälen aufgenommen: Zunächst wurde der Donor im Donor-Kanal (Cerulean) angeregt und die Emission des Donors gemessen. Anschließend wurde im FRET-Kanal wieder der Donor angeregt, diesmal aber die Emission des Akzeptors gemessen, welche detektiert werden kann, wenn ein Energietransfer zwischen Donor und Akzeptor stattgefunden hat. Zuletzt wurde im Akzeptor-Kanal (Citrine) der Akzeptor angeregt und seine maximale Emission gemessen.

Um zu überprüfen, inwieweit die Donor- und Akzeptor-Emission in andere
verwendete Kanäle einstrahlen, was bei der Auswertung zu falsch positiven
Ergebnissen führen kann, wurden zunächst FRET-Messungen mit jeweils einzeln
transfizierten Zellen vorgenommen. In Abbildung 20 ist zu erkennen, dass bei
einzeln transfiziertem Cerulean-WT sowohl eine Emission im Donor- als auch im
FRET-Kanal gemessen werden konnten. Die deutliche Emission im FRET-Kanal
lässt darauf schließen, dass die Emission des Donors in den Kanal der Akzeptor-
Emission einstrahlt und somit eine alleinige Detektion der Akzeptor-Emission nicht
möglich ist. Bei einzeln transfiziertem Citrine-Survivin ist eine deutliche Emission
im Akzeptor-Kanal zu sehen, jedoch auch eine sehr schwache Emission im FRET-
Kanal, was bedeuten könnte, dass durch die Anregung von Cerulean auch Citrine
geringfügig angeregt wird.

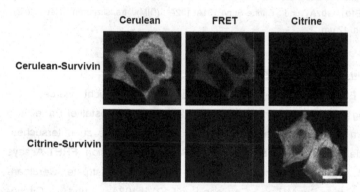

Abbildung 20: Separate Transfektion der Konstrukte Cerulean-Survivin und Citrine-Survivin
HeLa-Zellen wurden mit 125 ng Cerulean-Survivin bzw. Citrine-Survivin transfiziert. Nach 24-
stündiger Inkubation bei 37 °C und 5 % CO_2 erfolgte die Analyse durch den *Sensitized Emission*
FRET-Assay. Maßstabsbalken: 15 µm

In Abbildung 21 sind die Ergebnisse des *Sensitized Emission* FRET-Assays zur
Untersuchung des Dimerisierungs-Verhaltens von Wildtyp-Survivin und der
Dimerisierungs-Mutante zu sehen. Sowohl bei den Zellen, die mit Cerulean-
SurvWT und Citrine-SurvWT, als auch bei den Zellen, die mit Cerulean-
SurvF101AL102A und Citrine-SurvF101AL102A ko-transfiziert wurden, konnte
eine hohe FRET-Effizienz gezeigt werden, welche als Verhältnis der gemessenen

Emission im FRET-Kanal zur gemessenen Emission im Donor-Kanal für jeden Pixel dargestellt wurde.

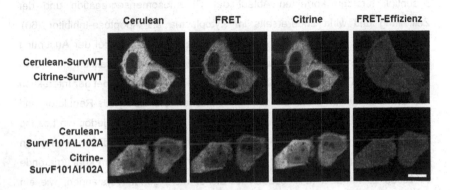

Abbildung 21: Ergebnisse des Sensitized Emission FRET-Assays zur Untersuchung des Dimerisierungs-Verhaltens von Survivin

HeLa-Zellen wurden mit 125 ng Cerulean-SurvWT und 125 ng Citrine-SurvWT bzw. 125 ng Cerulean-SurvF101AL102A und 125 ng Citrine-SurvF101AL102A ko-transfiziert. Nach 24-stündiger Inkubation bei 37 °C und 5 % CO_2 erfolgte die Analyse der FRET-Effizienz (rot) durch den *Sensitized Emission* FRET-Assay. Maßstabsbalken: 12 µm

5 Diskussion

Survivin erfüllt in der Zelle eine Doppelfunktion: Es ist einerseits im Zellkern essentiell für den korrekten Ablauf der Chromosomensegregation und der Zellteilung und wirkt andererseits im Zytoplasma als Apoptose-Inhibitor (60). Sowohl für den Export von Survivin ins Zytoplasma als auch bei der Ausübung seiner Funktion als Zellzyklus-Regulator findet eine Interaktion mit dem Exportrezeptor Crm1 statt (58, 60). Es wird angenommen, dass bei der Interaktion mit Crm1 sowie im Rahmen seiner Funktionen als Zellzyklus-Regulator und Apoptose-Inhibitor Survivin als Monomer agiert, wohingegen es jedoch in Lösung als Homodimer vorliegt (61, 75). Es scheint sich bei der Homodimerisierung von Survivin und der Interaktion des Survivin-Monomers mit Crm1 um konkurrierende Prozesse zu handeln (81). Jedoch ist bisher nicht genau verstanden, wie ein Wechsel zwischen der monomeren und der dimeren Form des Proteins reguliert ist und welche Bedeutung die Dimerisierung des Proteins für seine Funktionen in der Zelle innehat.

Im Rahmen dieser Arbeit wurde daher die Dimerisierung von Survivin genauer untersucht. Hierzu wurde die Auswirkung einer Acetylierung an Lysin 129 sowie mehrerer Mutationen innerhalb des Kernexportsignals (NES) auf die Dimerisierung von Survivin mittels Gelfiltration analysiert. Zudem wurde der Effekt des Survivin-Antagonisten S12 auf die Dimerisierung des Proteins untersucht, und der *Sensitized Emission* FRET-Assay wurde als mögliche Methode zur Untersuchung der Survivin-Dimerisierung in der natürlichen Umgebung einer Zelle getestet.

5.1 Auswirkungen der Acetylierung an Lysin 129 auf die Dimerisierung von Survivin

Wang *et al.* konnten 2010 zeigen, dass sich die Acetylierung an Lysin 129 auf das Dimerisierungs-Verhalten von Survivin und somit auch auf dessen subzelluläre Lokalisation auszuwirken scheint (64). So führt laut Wang *et al.* eine Acetylierung an der Position 129 zu einer Homodimerisierung von Survivin, wodurch der Crm1-vermittelte Kernexport verhindert oder zumindest maßgeblich eingeschränkt wird und es so zu einer nukleären Akkumulation des Proteins kommt (64). Die Untersuchung der Acetylierung an Position 129 erfolgte hierbei mit Hilfe der

Acetylierungs-Mutanten K129A, K129E, K129Q und K129R, wobei die Mutanten K129A und K129Q der Nachahmung einer Acetylierung dienten und die Mutanten K129E und K129R als nicht-acetylierbare Kontrollen verwendet wurden (64). Es wurde gezeigt, dass die K129A- und K129Q-Mutanten vorwiegend im Nukleus lokalisieren, während die K129E und K129R-Mutanten vorwiegend zytoplasmatisch vorliegen. Zudem konnte mittels Immunpräzipitation (IP) und FRET-Analyse gezeigt werden, dass die als nicht-acetylierbare Kontrolle eingesetzte K129E-Mutante, im Gegensatz zum Wildtyp, vor allem als Monomer existiert und stärker an den Exportrezeptor Crm1 bindet (64). Diese Ergebnisse würden somit darauf hindeuten, dass eine Acetylierung des Lysins an Position 129 eine entscheidende Rolle bei der Regulation der Survivin-Dimerisierung spielt.

Um die Bedeutung einer Acetylierung an Position 129 für die Dimerisierung von Survivin zu verifizieren und näher zu untersuchen, wurde in dieser Arbeit das Dimerisierungs-Verhalten der Acetylierungs-Mutanten K129A, K129E, K129Q und K129R *in vitro* mittels Gelfiltration untersucht. Hierzu wurden die Acetylierungs-Mutanten sowie der Survivin-Wildtyp und eine als Dimerisierungs-defizient beschriebene Mutante des Proteins (F101AL102A) rekombinant in *E. coli* SoluBL21 Bakterien hergestellt. Als prokaryotischer Expressionsvektor wurde der pET41-GST-PreSc-Vektor verwendet. Dieser Vektor ermöglicht die Expression der verschiedenen Survivin-Mutanten mit einem N-terminalen GST-Tag, welcher die Reinigung der Proteine über Glutathion-Sepharose-Beads ermöglicht. Durch die zwischen dem Protein und dem GST-Tag vorliegende PreScission-Protease-Schnittstelle kann der GST-Tag anschließend durch Zugabe der Protease wieder vom Protein entfernt werden. Mit Hilfe einer Testexpression wurde zunächst die Expression der Survivin-Mutanten bei verschiedenen Bedingungen getestet, um die optimalen Expressionsbedingungen zu ermitteln. Die Ausbeute an löslichem Protein war bei einer Induktion der Bakterien bei einer OD von 0,6 mit 1 mM IPTG und einer Expression über 6 h bei 30 °C am größten. Somit wurden diese Expressionsbedingungen für die nachfolgenden Versuche beibehalten (s. Abschnitt 4.1.1). Die Herstellung, Reinigung und anschließende Entfernung des GST-Tags der Acetylierungs-Mutanten wurde mittels SDS-Gelelektrophorese überprüft. Es konnte gezeigt werden, dass die rekombinant hergestellten Acetylierungs-Mutanten K129A, K129E, K129Q und K129R sowie der Survivin-

Wildtyp und die Dimerisierungs-Mutante (F101AL102A) mit Hilfe der Glutathion-Sepharose-Beads und der PreScission-Protease erfolgreich aus dem Gesamtzelllysat isoliert und gereinigt werden konnten (s. Abschnitt 4.1.2). Bei der anschließenden Analyse des Dimerisierungs-Verhaltens der Acetylierungs-Mutanten K129A, K129E, K129Q und K129R mittels Gelfiltration dienten das Wildtyp-Survivin, welches in Lösung Homodimere bildet, und die Dimerisierungs-Mutante (F101AL102A), die ausschließlich in monomerer Form vorliegt, als Kontrollen. Die Ergebnisse der Gelfiltration haben gezeigt, dass alle Acetylierungs-Mutanten sowie der Wildtyp vorwiegend als Dimer vorlagen und lediglich die Dimerisierungs-Mutante fast ausschließlich als Monomer vorlag (s. Abbildung 6). Auf Grundlage dieser Ergebnisse scheint eine Acetylierung an Position 129 keinen Einfluss auf das Dimerisierungs-Verhalten von Survivin zu haben. Die bei der Gelfiltration eluierten Fraktionen, die sich im Retentionsvolumen-Bereich des Dimer- und des Monomer-Peaks befanden, wurden gelelektrophoretisch analysiert, um zu bestätigen, dass es sich bei dem eluierten Protein um Survivin handelt. Sowohl bei den Fraktionen des Dimer- als auch des Monomer-Peaks konnten durch Coomassie-Färbung Proteine einer Größe von etwa 17 kDa im SDS-Gel nachgewiesen werden, was der Größe von Survivin entspricht (s. Abbildung 7). Um die Dimerisierung der Proteine zu bestätigen, die im Bereich des Dimer-Peaks eluiert wurden, würde sich die Durchführung einer nativen SDS-Gelelektrophorese anbieten, da hier die Proteine, im Gegensatz zu einer herkömmlichen SDS-Gelelektrophorese, nicht denaturiert werden und so der Nachweis von Proteinkomplexen möglich ist (87, 88).

Insgesamt stimmen die Ergebnisse der Gelfiltration nicht mit den Resultaten von Wang *et al.* überein, laut denen Survivin in der nicht-acetylierten Form vorwiegend Monomere bildet und wonach zu erwarten gewesen wäre, dass die Acetylierungs-Mutanten K129E und K129R, die in der Studie als nicht-acetylierbare Kontrollen eingesetzt wurden, bei der Gelfiltration vor allem als Monomer vorliegen. Obwohl in der Studie von Wang *et al.* sowohl die K129E- als auch die K129R-Mutante als nicht-acetylierbar beschrieben wurden, wurde mittels FRET-Assay und IP lediglich das Dimerisierungs-Verhalten der K129E-Mutante mit dem Wildtyp verglichen (64). Bei der Mutation von Lysin (K) zu Glutaminsäure (E) handelt es sich jedoch nicht um eine typische Mutation, um eine Acetylierung zu inhibieren. Die K129E-

Mutante wurde lediglich aufgrund eines in der humanen Population vertretenen Single Nucleotide Polymorphism (SNP) ausgewählt, bei dem es zu einem Austausch von Lysin gegen Glutaminsäure kommt (64). Typischerweise dient eine Mutation von Lysin zu Arginin (K→R) der Nachahmung eines nicht-acetylierten Lysins, da Lysin und Arginin chemisch ähnliche Eigenschaften besitzen. So handelt es sich bei beiden um basische Aminosäuren, die eine positive Teilladung besitzen. Glutaminsäure (E) gehört jedoch zu den sauren Aminosäuren und besitzt eine negative Teilladung, wodurch sie vermutlich nicht zur Nachahmung von nicht-acetyliertem Lysin geeignet ist. Zur Nachahmung einer Acetylierung des Lysins wurden in der Studie von Wang *et al.* die Mutationen von Lysin zu Alanin (A) und Glutamin (Q) eingesetzt. Durch die Acetylierung verliert Lysin seine positive Teilladung. Zur Nachahmung von acetyliertem Lysin wird deshalb standardgemäß die neutrale Aminosäure Glutamin (Q) eingesetzt. Der Einsatz von Alanin zur Nachahmung von Acetyl-Lysin ist eher ungewöhnlich, da Alanin zwar ebenfalls zu den neutralen Aminosäuren zählt, seine Seitenkette jedoch deutlich kürzer ist als die des Lysins. Es bleibt somit fraglich, ob die von Wang *et al.* zur Untersuchung des Dimerisierungs-Verhaltens eingesetzten Mutanten einen Rückschluss auf die Bedeutung einer Acetylierung an Position 129 erlauben. Unter alleiniger Berücksichtigung der Analysen der verschiedenen Acetylierungs-Mutanten mittels Gelfiltration in dieser Arbeit scheint die Acetylierung an Lys 129 keinen Einfluss auf das Dimerisierungs-Verhalten von Survivin zu haben. Bei der Gelfiltration handelt es sich um eine *in vitro* Methode, bei der die Proteine zuvor rekombinant in Bakterien hergestellt wurden. In der Arbeit von Wang *et al.* wurden jedoch vornehmlich Experimente durchgeführt, bei denen die Proteine in der natürlichen Zellumgebung exprimiert und untersucht wurden. Um auszuschließen, dass die Diskrepanzen zu den von Wang *et al.* erzielten Ergebnissen dadurch zu Stande kommen, dass die Situation *in vivo* durch die rekombinant hergestellten Proteine nicht repräsentiert wird, müsste das Dimerisierungs-Verhalten, vor allem anhand der standardgemäß verwendeten Acetylierungs-Mutanten K→Q und K→R, z.B. mit Hilfe von Immunopräzipitation oder eines FRET-Assays näher untersucht werden.

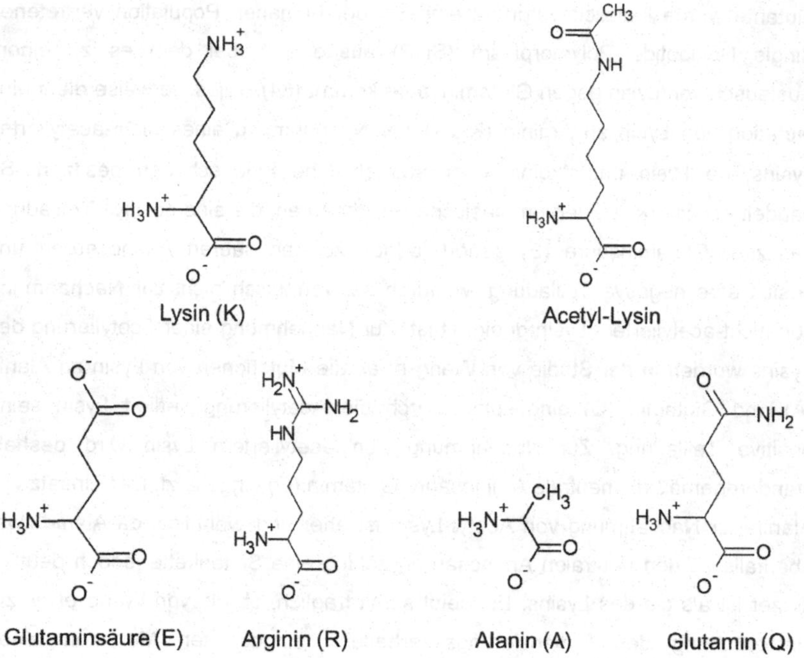

Abbildung 22: Schematische Darstellung der Aminosäuren Lysin, Acetyl-Lysin, Alanin, Glutaminsäure, Glutamin und Arginin

Strukturformeln der Aminosäure Lysin und des Acetyl-Lysins sowie der durch Wang *et al*.zur Nachahmung des nicht-acetylierten Lysins eingesetzten Aminosäuren Glutaminsäure und Arginin und der zur Nachahmung eines acetylierten Lysins eingesetzten Aminosäuren Alanin und Glutamin (64).

5.2 Einfluss des nukleären Exportsignals (NES) auf die Dimerisierung von Survivin

Survivin erfüllt in Zellen sowohl die Rolle eines Zellzyklus-Regulators als auch eines Apoptose-Inhibitors. Zur Ausübung beider Funktionen bedarf es der Interaktion mit dem Exportrezeptor Crm1. Diese Interaktion wird über das nukleäre Exportsignal (NES) in Survivin vermittelt, welches sich über die Aminosäuren 89-98 ([89]VKKQFEELTL[98]) erstreckt und so mit einem Teil der Dimerisierungs-Stelle des Proteins (AS 89-102) überlappt. Es wird vermutet, dass es sich bei der Dimerisierung und dem Crm1-vermittelten Kernexport von Survivin um konkurrierende Prozesse handelt: Durch die Einführung der Mutationen F101A und L102A, welche sich im Bereich der Dimerisierungs-Stelle befinden, wird eine Homodimerisierung des Proteins verhindert, die Bindung an Crm1 und der Kernexport jedoch anscheinend verstärkt (81). Im Rahmen dieser Arbeit wurde daher untersucht, ob Mutationen im Bereich des NES, für die gezeigt wurde, dass sie die Interaktion von Survivin mit Crm1 unterbinden, auch einen Einfluss auf die Homodimerisierung des Proteins haben.

Die NES-Mutanten L96AL98A und F93PL96AL98A wurden so mittels Gelfiltration auf ihre Fähigkeit zur Dimerisierung untersucht. Hierzu wurden die beiden NES-Mutanten sowie der Survivin-Wildtyp und die Dimerisierungs-Mutante (F101AL102A) rekombinant in *E. coli* SoluBL21 Bakterien hergestellt. Als prokaryotischer Expressionsvektor wurde der pET41-GST-PreSc-Vektor verwendet, welcher die Expression der verschiedenen Survivin-Mutanten mit einem N-terminalen GST-Tag bewirkt und so die Reinigung der Proteine über Glutathion-Sepharose-Beads ermöglicht. Über die PreScission-Schnittstelle zwischen dem GST-Tag und Survivin kann durch Zugabe der PreScission-Protease der GST-Tag anschließend entfernt werden. Die Herstellung, Reinigung und anschließende Entfernung des GST-Tags der NES-Mutanten wurde mittels SDS-Gelelektrophorese überprüft. So konnte gezeigt werden, dass die rekombinant hergestellten NES-Mutanten L96AL98A und F93PL96AL98A sowie der Survivin-Wildtyp und die Dimerisierungs-Mutante (F101AL102A) mit Hilfe der Glutathion-Sepharose-Beads und der PreScission-Protease erfolgreich isoliert und gereinigt werden konnten (s. Abschnitt 4.2.1). Bei der Analyse des Dimerisierungs-Verhaltens der NES-Mutanten L96AL98A und F93PL96AL98A mittels Gelfiltration dienten das Wildtyp-Survivin, welches in Lösung Homodimere bildet, und die Dimerisierungs-Mutante (F101AL102A), die ausschließlich in monomerer Form vorliegt, als Kontrollen. Die Analyse mittels Gelfiltration hat gezeigt, dass beide NES-Mutanten mit einem Anteil von 87 % (L96AL98A) und 88 % (F93PL96AL98A) fast vollständig in monomerer Form vorlagen (s. Abbildung 11). Die bei der Gelfiltration eluierten Fraktionen, die sich im Retentionsvolumen-Bereich des Dimer- und des Monomer-Peaks befanden, wurden gelelektrophoretisch analysiert, um zu bestätigen, dass es sich bei dem eluierten Protein um Survivin handelt. Für beide NES-Mutanten konnten in den Fraktionen des Monomer-Peaks durch Coomassie-Färbung Proteine einer Größe von etwa 17 kDa im SDS-Gel nachgewiesen werden, was der Größe von Survivin entspricht (s. Abbildung 12). Um auch bei der gelelektrophoretischen Analyse der eluierten Proteine Survivin-Monomere von -Dimeren unterscheiden zu können, würde sich auch hier, wie bereits in Abschnitt 6.4 erwähnt, die Durchführung einer nativen SDS-Gelelektrophorese anbieten, da hier die Proteine, im Gegensatz zu einer herkömmlichen SDS-Gelelektrophorese, nicht denaturiert werden und so der Nachweis von Proteinkomplexen möglich ist (87, 88). Da die Einführung von Mutationen bei Proteinen zu Konformationsänderungen führen kann, wurde mittels CD-Spektroskopie überprüft, ob das veränderte Dimerisierungs-Verhalten der NES-Mutanten durch eine veränderte Sekundärstruktur der Proteine hervorgerufen wird. Die CD-spektroskopische Analyse hat gezeigt, dass die Spektren des Wildtyps, der Dimerisierungs-Mutante sowie der beiden NES-Mutanten einen nahezu identischen Verlauf aufweisen (s. Abbildung 13). Die Einführung der NES-Mutationen scheint somit keine Änderung in der Sekundärstruktur der Proteine hervorgerufen zu haben. Insgesamt konnte demnach gezeigt werden, dass die Einführung der Mutationen L96AL98A und F93PL96AL98A im NES von Survivin, das mit einem Teil der Dimerisierungs-Stelle des Proteins überlappt, die Homodimerisierung von Survivin *in vitro* unterbindet.

In vorangegangenen Experimenten konnte gezeigt werden, dass die Einführung von Mutationen an den Positionen 96 und 98 von Survivin die Interaktion des Proteins mit dem Exportrezeptor Crm1 verhindert und somit sowohl der Kernexport von Survivin als auch seine Rolle als Zellzyklus-Regulator inhibiert wird (60). Bei einer Analyse der NES-Mutante L96AL98A mittels IP sowie über einen zellbasierten Proteininteraktions-Assay schien jedoch die Dimerisierung des Proteins nicht beeinträchtigt zu sein (60). Da die NES-Mutante für diese Versuche in eukaryotischen Zellen exprimiert wurde, für die Gelfiltration aber rekombinant in Bakterien hergestellt wurde, könnte eine in der Zelle stattgefundene posttranslationale Modifikation, wie z.B. eine Acetylierung, der Grund für das veränderte Dimerisierungs-Verhalten der NES-Mutante sein. Die Durchführung eines FRET-Assays könnte weiteren Aufschluss über das Dimerisierungs-Verhalten der NES-Mutanten *in vivo* geben. Bisher existieren lediglich

Strukturdaten des Survivin-Dimers (80). Kristall- oder NMR-Strukturen des Survivin-Monomers oder des Survivin-Crm1-Proteinkomplexes könnten wichtige Hinweise darauf liefern, wie die beiden konkurrierenden Prozesse der Survivin-Dimerisierung und der Interaktion von Survivin mit Crm1 reguliert sind.

5.3 Effekt des Survivin-Antagonisten S12 auf die Dimerisierung von Survivin

Survivin ist in nahezu allen malignen Tumorerkrankungen überexprimiert und stellt aufgrund seiner Rolle als Zellzyklus-Regulator und Apoptose-Inhibitor ein vielversprechendes Ziel für die Krebstherapie dar (59). Berezov *et al.* identifizierten einen niedermolekularen chemischen Inhibitor, welcher gegen Survivin gerichtet ist und das Tumorwachstum *in vitro* und *in vivo* hemmt. Der Wirkstoff namens S12 soll durch die Bindung an eine Region des Survivin-Dimers, bestehend aus Leu 98 des einen Monomers und Leu 6, Trp 10, Phe 93, Phe 101 und Leu 102 des anderen Monomers, wirken. Die Bindestelle überlappt somit teilweise mit funktionell wichtigen Regionen wie der Dimerisierungs-Stelle und dem NES, welches bei dem Kernexport und der Zellzyklus-Regulation die Bindung an den Exportrezeptor Crm1 vermittelt. Es wurde gezeigt, dass S12 durch die Inhibition von Survivin einen Zellzyklus-Arrest während der Metaphase hervorruft, die Zellproliferation inhibiert und die Apoptose fördert. In einem Xenograft-Mausmodell konnte gezeigt werden, dass S12 das Tumorvolumen dosisabhängig signifikant reduzieren konnte. Somit könnte S12 einen vielversprechenden Kandidaten für eine klinische Anwendung darstellen (82).

Im Rahmen dieser Arbeit wurde der zugrundeliegende inhibitorische Mechanismus näher untersucht. Mittels Gelfiltration wurde analysiert, ob der Inhibitor, da seine Bindungsstelle teilweise mit der Dimerisierungs-Stelle von Survivin überlappt, die Homodimerisierung des Proteins verhindert. Hierzu wurde das rekombinant hergestellte und gereinigte Wildtyp-Survivin bei einer Konzentration von 1 mg/ml mit 100 mM des Inhibitors S12 für 2 h inkubiert. Durch Gelfiltration konnte gezeigt werden, dass sich das Dimerisierungs-Verhalten von Survivin *in vitro* trotz Zugabe des Inhibitors S12 nicht verändert: Sowohl ohne als auch mit Inhibitor liegt Survivin zu 77 % in der dimeren Form vor (s. Abbildung 15). Es scheint somit, als würde S12 die Homodimerisierung von Survivin *in vitro*, zumindest in der eingesetzten Konzentration von 100 mM, nicht beeinflussen. Es bestünde die Möglichkeit, dass S12 lediglich die Bindung von Survivin an den Exportrezeptor Crm1 über das NES, welches mit der Dimerisierungs-Stelle überlappt, behindert. Sowohl für den Export von Survivin ins Zytoplasma, wo es als Apoptose-Inhibitor agiert, als auch bei der Ausübung seiner Funktion als Zellzyklus-Regulator, ist eine Interaktion mit Crm1 essentiell (58, 60). Durch eine Inhibition dieser Interaktion wären somit der durch S12 hervorgerufene Zellzyklus-Arrest sowie die Apoptose-fördernde Wirkung des Inhibitors zu erklären. Da sich die Bindetasche des Inhibitors S12 am Homodimer von Survivin über beide Monomere erstreckt (Leu 98 des einen Monomers und Leu 6, Trp 10, Phe 93, Phe 101 und Leu 102 des anderen Monomers), wäre es ebenfalls möglich, dass der Inhibitor mit beiden Monomeren interagiert und so die Dimerisierung stabilisiert. Da es sich bei der Dimerisierung und der Interaktion mit Crm1 um konkurrierende Prozesse handelt, würden auch so die Funktionen von Survivin als Zellzyklus-Regulator und Apoptose-Inhibitor inhibiert werden (81). Die Ergebnisse der Gelfiltration deuten jedoch nicht auf eine Stabilisierung des Dimers hin, da der dimere Anteil des Survivins, mit und ohne Zugabe von S12, gleich bleibt (s. Abbildung 15). Um auszuschließen, dass der Inhibitor lediglich bei dem Einsatz höherer Konzentrationen die Dimerisierung von Survivin beeinflusst, sollte die Analyse mittels Gelfiltration unter Einsatz verschiedener Konzentrationen des Inhibitors wiederholt werden. Zur genaueren Untersuchung des Wirkmechanismus von S12, könnte dessen Einfluss auf das Dimerisierungs-Verhalten von Survivin mit Hilfe eines FRET-Assays oder durch IP genauer untersucht werden. Zudem würde eine Kristall- oder NMR-Struktur des an Surivin gebundenen Inhibitors genaueren Aufschluss über das Bindungsverhalten von S12 an Survivin geben.

5.4 Etablierung eines FRET-Assays zur Analyse der Dimerisierung von Survivin *in vivo*

Der Föster-Resonanz-Energie-Transfer (FRET) basiert auf dem Prinzip der strahlungsfreien Energieübertragung zwischen zwei Fluorophoren. Hierbei wird ein Fluorophor als Donor und das andere als Akzeptor bezeichnet. Der Donor absorbiert Licht einer höheren Frequenz als der Akzeptor. Befinden sich Donor und Akzeptor in räumlicher Nähe (<10 nm), so kommt es zu einer strahlungsfreien Energieübertragung vom Donor auf den Akzeptor und somit zu einer Anregung des Akzeptors. Dieses Prinzip kann sich zu Nutze gemacht werden, um Interaktionen von Proteinen in lebenden Zellen zu analysieren. Hierzu wird einer der Interaktionspartner an ein Donor-Fluorophor und der andere an ein Akzeptor-Fluorophor gekoppelt. Bei einer Interaktion der Proteine findet eine Energieübertragung vom Donor- auf das Akzeptor-Fluorophor statt, die fluoreszenzmikroskopisch quantifiziert werden kann.

In dieser Arbeit wurde der *Sensitized Emission* FRET-Assay getestet, um die Dimerisierung von Survivin nicht nur *in vitro*, sondern auch in der natürlichen Umgebung einer Zelle untersuchen zu können. Der *Sensitized Emission* FRET-Assay basiert auf der Messung der Emission des Akzeptor-Fluorophors nach einer Anregung des Donor-Fluorophors. Als Fluorophore wurden Cerulean und Citrine ausgewählt, bei denen es sich um Varianten von CFP (*cyan fluorescent protein*) und YFP (*yellow fluorescent protein*) handelt und die als gängiges FRET-Paar eingesetzt werden (83, 84). Der FRET-Assay sollte zunächst an der Dimerisierungs-kompetenten Wildtyp-Form des Survivins und der Dimerisierungs-defizienten Mutante (F101AL102A), die ausschließlich in monomerer Form vorliegt, getestet werden. Hierfür wurden die Fluorophore jeweils an den N-Terminus von Survivin gekoppelt, da die C-Termini im Survivin-Dimer so weit voneinander entfernt sind, dass der Abstand zwischen den Fluorophoren vermutlich mehr als 10 nm betragen würde und somit kein FRET stattfinden könnte. Um die korrekte Expression der Fusionsproteine zu überprüfen, wurden die FRET-Konstrukte in 293T-Zellen transfiziert. Proben der löslichen Fraktion der Zelllysate wurden mittels SDS-Gelelektrophorese und Western Blot untersucht. Die korrekte Expression der FRET-Konstrukte konnte über eine Detektion mittels anti-GFP-Antikörper bestätigt werden (s. Abbildung 17). Mit Hilfe einer

Testtransfektion in HeLa-Zellen wurden die optimalen Transfektionsbedingungen für die späteren FRET-Messungen ermittelt. Aufgrund der Ergebnisse dieser Testtransfektion wurden bei den FRET-Messungen von jedem der FRET-Konstrukte jeweils 125 ng Plasmid-DNA transfiziert (s. Abschnitt 4.4.2). Zudem wurde gezeigt, dass alle FRET-Konstrukte in HeLa-Zellen fast ausschließlich zytoplasmatisch lokalisieren (s. Abbildung 19). Ein Grund hierfür könnte sein, dass Survivin mit N-terminalem Fluorophor bei einer Größe von 43 kDa nicht mehr passiv in den Zellkern diffundieren kann und, da es kein aktives Importsignal besitzt, nicht aktiv in den Zellkern transportiert wird. Moleküle können zwar theoretisch bis zu einer Größe von 60 kDa passiv in den Kern diffundieren, jedoch nur bei geeigneter Struktur und Ladung (41). Für Survivin mit C-terminalem GFP-Tag konnte in früheren Experimenten gezeigt werden, dass eine passive Diffusion in den Kern möglich ist, bei einem N-terminalen Fluorophor könnte jedoch die Struktur des Fusionsproteins dahingehend verändert sein, dass eine passive Diffusion nicht mehr möglich ist (60). Um zu bestätigen, dass die FRET-Konstrukte nicht zytoplasmatisch lokalisieren, da sie aktiv aus dem Kern exportiert werden, könnten die transfizierten Zellen mit Leptomycin B (LMB), einem Kernexportinhibitor, behandelt werden. Sollte kein aktiver Kernexport stattfinden, so müssten die FRET-Konstrukte nach LMB-Behandlung noch immer zytoplasmatisch lokalisieren. Bei der Durchführung des *Sensitized Emission* FRET-Assays hat sich durch separate Transfektion der einzelnen Konstrukte herausgestellt, dass die Emission des Donors in den Kanal der Akzeptor-Emission einstrahlt und somit eine alleinige Detektion der Akzeptor-Emission nicht möglich ist (s. Abschnitt 5.4). Bei der eigentlichen FRET-Messung wurde sowohl beim Survivin-Wildtyp als auch bei der Dimerisierungs-Mutante eine sehr hohe FRET-Effizienz detektiert. Da jedoch zuvor gezeigt werden konnte, dass eine alleinige Messung der Akzeptor-Emission nicht möglich ist, ist zu vermuten, dass es sich bei der gemessenen FRET-Effizienz größtenteils um ein falsch positives Signal handelt und daher keine Aussagen über das Dimerisierungs-Verhalten der Konstrukte getroffen werden können. Die Absorptions- und Emissionsspektren von Cerulean und Citrine zeigen, dass das Emissionsspektrum des Donor-Fluorophors Cerulean so weit mit dem Emissionsspektrum des Akzeptor-Fluorophors Citrine überlagert, dass die alleinige Detektion der Emission von Citrine nicht möglich ist.

Eine Möglichkeit so entstehende falsch positive Ergebnisse zu verhindern, wäre der Einsatz von anderen Fluorophoren. Bei der Verwendung des FRET-Paares GFP (*green fluorescent protein*) und RFP (*red fluorescent protein*) besteht das Problem der sich überlagernden Emissionsspektren von Donor und Akzeptor nicht. Die Absorptions- und Emissionsspektren von GFP und RFP zeigen lediglich eine minimale Überlagerung der Emissionsspektren. Im Wellenlängenbereich von 650 nm bis 750 nm wäre eine alleinige Detektion der Akzeptor-Emission möglich.

Eine andere Möglichkeit wäre die Durchführung eines *Acceptor Photobleaching* FRET-Assays anstelle des *Sensitized Emission* FRET-Assays. Beim *Acceptor Photobleaching* FRET-Assay wird die Emission des Donor-Fluorophors vor und nach dem *Photobleaching*, also dem Ausbleichen des Akzeptor-Fluorophors, detektiert. Wenn FRET stattfindet, ist die Emission des Donors herabgesetzt, da es zu einer strahlungsfreien Energieübertragung auf den Akzeptor kommt. Ein Ausbleichen des Akzeptors bewirkt dann eine Steigerung der Intensität der Donor-Emission. Die FRET-Effizienz kann aus dem Verhältnis der Fluoreszenz-Intensität des Donors vor und nach dem *Photobleaching* des Akzeptors berechnet werden. Für die Durchführung eines *Acceptor Photobleaching* FRET-Assays ist es wichtig, dass bei dem Ausbleichen des Akzeptors nicht auch der Donor ausgeblichen wird, da sonst ein Teil des FRET-Signals verloren ginge. Die Absorptions- und Emissionsspektren von Cerulean und Citrine zeigen, dass bei einer Anregung am Absorptionsmaximum des Akzeptor-Fluorophors Citrine (515 nm) keine Anregung des Donor-Fluorophors Cerulean stattfindet. Das FRET-Paar scheint somit für den *Acceptor Photobleaching* FRET-Assay geeignet zu sein. Ein Nachteil des *Acceptor Photobleaching* FRET-Assays kann jedoch sein, dass eine FRET-Messung lediglich einmal pro Zelle durchgeführt werden kann, da der Akzeptor durch das *Photobleaching* zerstört wird. Ein weiterer Nachteil des *Acceptor Photobleaching* FRET-Assays ist, dass das Ausbleichen des Akzeptors, je nach verwendetem Fluorophor, mehrere Minuten dauern kann und somit die Darstellung dynamischer Vorgänge in lebenden Zellen erschwert ist.

Als weitere Methode kommt auch ein *Fluorescence Lifetime Imaging Microscopy* (FLIM) FRET-Assay in Frage. Ein Vorteil des FLIM FRET-Assays ist, dass er nicht intensitätsbasiert ist und somit unempfindlich gegenüber Variationen des Expressionslevels und der Molekülverteilungen in den verwendeten Proben.

Außerdem stellt hier die Überlagerung von Donor- und Akzeptor-Spektren kein Problem dar, da lediglich die Lebensdauer des Donor-Fluorophors gemessen wird. Findet FRET statt, so kommt es zu einer strahlungsfreien Energieübertragung auf den Akzeptor und die Fluoreszenz-Lebensdauer des Donors ist verkürzt. Wie beim *Acceptor Photobleaching* FRET sind jedoch auch hier die Nachteile, dass eine Messung nur einmal pro Zelle durchgeführt werden kann und dass die Darstellung dynamischer Vorgänge in lebenden Zellen durch die lange Dauer der Messung erschwert ist.

Zusammenfassend wurden im Rahmen dieser Arbeit die Mechanismen und die Regulation der Dimerisierung von Survivin untersucht. Hierzu wurden die Auswirkungen einer Acetylierung an Lysin 129 anhand verschiedener Acetylierungs-Mutanten mittels Gelfiltration analysiert. Es wurde gezeigt, dass eine Acetylierung an Position 129 keinen Einfluss auf das Dimerisierungs-Verhalten des Proteins zu haben scheint. Des Weiteren wurde der Einfluss von Mutationen im NES von Survivin, das mit der Dimerisierungs-Stelle des Proteins überlappt, anhand der NES-Mutanten L96AL98A und F93PL96AL98A untersucht. Durch die Analyse der Mutanten mittels Gelfiltration konnte gezeigt werden, dass die Mutationen im NES von Survivin neben der Interaktion mit Crm1 auch die Homodimerisierung des rekombinanten Proteins inhibieren. Zudem wurde in dieser Arbeit der Survivin-Antagonist S12, dessen Wirkmechanismus noch nicht vollständig geklärt ist, im Hinblick auf seinen Einfluss auf die Dimerisierung von Survivin untersucht. Die Gelfiltration hat gezeigt, dass der Survivin-Antagonist S12 keinen Einfluss auf die Dimerisierung des Proteins zu haben scheint. Zusätzlich wurde die Methode des *Sensitized Emission* FRET-Assays getestet, um die Untersuchung einer Survivin-Dimerisierung *in vivo* zu ermöglichen.

5.5 Ausblick

Survivin ist in nahezu allen malignen Tumorerkrankungen überexprimiert und gilt als früher diagnostischer Marker in der Krebsentstehung (59, 89). Zudem ist Survivin mit einer erhöhten Resistenz gegenüber Chemotherapie und Bestrahlungstherapie assoziiert (90, 91). Eine Überexpression von Survivin wird mit einem schnelleren Fortschreiten der Erkrankung und einer geringeren Überlebensrate in Verbindung gebracht (70–73, 92, 93). Durch seine Rolle als Zellzyklus-Regulator und Apoptose-Inhibitor ist Survivin an zwei entscheidenden Prozessen in der Onkogenese beteiligt und ist als vielversprechendes Target für die Krebstherapie Gegenstand zahlreicher Studien (59, 65). So wurde bereits eine Vielzahl von Ansätzen entwickelt, um die Funktionen von Survivin zu inhibieren, wie der Einsatz von *Antisense* Oligonukleotiden, die gegen die Survivin-mRNA gerichtet sind, der Entwicklung von Immun- und Gentherapien sowie verschiedener niedermolekularer Inhibitoren (94, 95, 96, 97). Die bisher entwickelten chemischen Hemmstoffe inhibieren die Funktionen von Survivin auf unterschiedliche Weisen, wie z.B. durch eine Inhibition der Bindung von Survivin an das Charperon Hsp90, das Survivin stabilisiert, indirekt durch die Inhibition von Cdks, um die Phosphorylierung von Survivin an Threonin 34 zu verhindern und so die Funktionen von Survivin zu inhibieren, oder durch das Herabsetzen der Promotoraktivität und somit der Genexpression des Proteins (98, 99, 100). Die Modulation der Dimerisierung von Survivin könnte einen völlig neuen, vielversprechenden Angriffspunkt in der Entwicklung neuer Krebstherapien darstellen. Da Survivin im CPC und bei der Ausübung seiner anti-apoptotischen Funktionen als Monomer agiert, könnte durch eine Stabilisierung der Survivin-Dimerisierung seine apoptosefördernde und zellproliferative Wirkung inhibiert werden (61, 75). Die Stabilisierung von Protein-Protein-Interaktionen wurde bereits zur Wirkstoffentwicklung in anderen Beispielen erfolgreich eingesetzt, wie z.B. der Stabilisierung von 14-3-3 Protein-Protein-Interaktionen und könnte auf ähnliche Weise auf Survivin übertragen werden (101, 102, 103). Aufgrund der bisherigen, teilweise widersprüchlichen Ergebnisse, bedarf es jedoch weiterer Experimente, um die Rolle und Regulation der Survivin-Dimerisierung besser zu verstehen und sich therapeutisch zu Nutze machen zu können.

6 Literaturverzeichnis

1. Hajdu SI (2011) A note from history: landmarks in history of cancer, part 1. *Cancer* 117:1097–1102.

2. World Health Organisation, International Agency for Research on Cancer (2012) *GLOBOCAN 2012: Estimated Cancer Incidence, Mortality and Prevalence Worldwide in 2012.*

3. Robert-Koch-Institut, Zentrum für Krebsregisterdaten (2010) *Krebs in Deutschland 2009/2010.*

4. Hanahan D, Weinberg RA (2000) The hallmarks of cancer. *Cell* 100:57–70.

5. Vogelstein B, Kinzler KW (2004) Cancer genes and the pathways they control. *Nat. Med.* 10:789–799.

6. Ames BN, Gold LS, Willett WC (1995) The causes and prevention of cancer. *Proc. Natl. Acad. Sci. U.S.A.* 92:5258–5265.

7. Hanahan D, Weinberg RA (2011) Hallmarks of cancer: the next generation. *Cell* 144:646–674.

8. Alberts B (2008) *Molecular biology of the cell* (Garland Science, New York, NY [u.a.]).

9. Teng, Michele W L, Swann JB, Koebel CM, Schreiber RD, Smyth MJ (2008) Immune-mediated dormancy: an equilibrium with cancer. *J. Leukoc. Biol.* 84:988–993.

10. Bindea G, Mlecnik B, Fridman W, Pagès F, Galon J (2010) Natural immunity to cancer in humans. *Curr. Opin. Immunol.* 22:215–222.

11. Galon J, Angell HK, Bedognetti D, Marincola FM (2013) The continuum of cancer immunosurveillance: prognostic, predictive, and mechanistic signatures. *Immunity* 39:11–26.

12. Slaney CY, Rautela J, Parker BS (2013) The emerging role of immunosurveillance in dictating metastatic spread in breast cancer. *Cancer Res.* 73:5852–5857.

13. Lazebnik Y (2010) What are the hallmarks of cancer? *Nat. Rev. Cancer* 10:232–233.

14. Peter ME, Heufelder AE, Hengartner MO (1997) Advances in apoptosis research. *Proc. Natl. Acad. Sci. U.S.A.* 94:12736–12737.

15. Kerr JF, Wyllie AH, Currie AR (1972) Apoptosis: a basic biological phenomenon with wide-ranging implications in tissue kinetics. *Br. J. Cancer* 26:239–257.

16. Fesik SW (2005) Promoting apoptosis as a strategy for cancer drug discovery. *Nat. Rev. Cancer* 5:876–885.

17. Fuchs Y, Steller H (2011) Programmed cell death in animal development and disease. *Cell* 147:742–758.

18. de Almagro, M C, Vucic D (2012) The inhibitor of apoptosis (IAP) proteins are critical regulators of signaling pathways and targets for anti-cancer therapy. *Exp. Oncol.* 34:200–211.

19. Ouyang L et al. (2012) Programmed cell death pathways in cancer: a review of apoptosis, autophagy and programmed necrosis. *Cell Prolif.* 45:487–498.

20. Mattson MP, Chan SL (2003) Calcium orchestrates apoptosis. *Nat. Cell Biol.* 5:1041–1043.

21. Fesik SW, Shi Y (2001) Structural biology. Controlling the caspases. *Science* 294:1477–1478.

22. Zou H et al. (2003) Regulation of the Apaf-1/caspase-9 apoptosome by caspase-3 and XIAP. *J. Biol. Chem.* 278:8091–8098.

23. Vaux DL, Silke J (2005) IAPs, RINGs and ubiquitylation. *Nat. Rev. Mol. Cell Biol.* 6:287–297.

24. Jesenberger V, Jentsch S (2002) Deadly encounter: ubiquitin meets apoptosis. *Nat. Rev. Mol. Cell Biol.* 3:112–121.

25. Murray AW, Hunt T (1993) *The cell cycle. An introduction* (Freeman, New York N.Y.).

26. Mitchison TJ, Salmon ED (2001) Mitosis: a history of division. *Nat. Cell Biol.* 3:E17-21.

27. Glotzer M (2005) The molecular requirements for cytokinesis. *Science* 307:1735–1739.

28. Murray A (1994) Cell cycle checkpoints. *Curr. Opin. Cell Biol.* 6:872–876.

29. Murray AW (1994) Cyclin-dependent kinases: regulators of the cell cycle and more. *Chem. Biol.* 1:191–195.

30. Lanfranco F, Kamischke A, Zitzmann M, Nieschlag E (2004) Klinefelter's syndrome. *Lancet* 364:273–283.

31. Hassold T, Sherman S (2000) Down syndrome: genetic recombination and the origin of the extra chromosome 21. *Clin. Genet.* 57:95–100.

32. Carmena M, Wheelock M, Funabiki H, Earnshaw WC (2012) The chromosomal passenger complex (CPC): from easy rider to the godfather of mitosis. *Nat. Rev. Mol. Cell Biol.* 13:789–803.

33. Ruchaud S, Carmena M, Earnshaw WC (2007) Chromosomal passengers: conducting cell division. *Nat. Rev. Mol. Cell Biol.* 8:798–812.

34. Ruchaud S, Carmena M, Earnshaw WC (2007) The chromosomal passenger complex: one for all and all for one. *Cell* 131:230–231.

35. Vong QP, Cao K, Li HY, Iglesias PA, Zheng Y (2005) Chromosome alignment and segregation regulated by ubiquitination of survivin. *Science* 310:1499–1504.

36. Ferrando-May E (2005) Nucleocytoplasmic transport in apoptosis. *Cell Death Differ.* 12:1263–1276.

37. Cronshaw JM, Krutchinsky AN, Zhang W, Chait BT, Matunis MJ (2002) Proteomic analysis of the mammalian nuclear pore complex. *J. Cell Biol.* 158:915–927.

38. Strawn LA, Shen T, Shulga N, Goldfarb DS, Wente SR (2004) Minimal nuclear pore complexes define FG repeat domains essential for transport. *Nat. Cell Biol.* 6:197–206.

39. Fahrenkrog B, Köser J, Aebi U (2004) The nuclear pore complex: a jack of all trades? *Trends Biochem. Sci.* 29:175–182.

40. Frey S, Görlich D (2007) A saturated FG-repeat hydrogel can reproduce the permeability properties of nuclear pore complexes. *Cell* 130:512–523.

41. Wang R, Brattain MG (2007) The maximal size of protein to diffuse through the nuclear pore is larger than 60kDa. *FEBS Lett.* 581:3164–3170.

42. D'Angelo MA, Hetzer MW (2008) Structure, dynamics and function of nuclear pore complexes. *Trends Cell Biol.* 18:456–466.

43. Bischoff FR, Görlich D (1997) RanBP1 is crucial for the release of RanGTP from importin beta-related nuclear transport factors. *FEBS Lett.* 419:249–254.

44. Bednenko J, Cingolani G, Gerace L (2003) Nucleocytoplasmic transport: navigating the channel. *Traffic* 4:127–135.

45. Knauer SK *et al.* (2007) The survivin isoform survivin-3B is cytoprotective and can function as a chromosomal passenger complex protein. *Cell Cycle* 6:1502–1509.

46. Végran F *et al.* (2011) Apoptosis gene signature of Survivin and its splice variant expression in breast carcinoma. *Endocr. Relat. Cancer* 18:783–792.

47. Mahotka C, Wenzel M, Springer E, Gabbert HE, Gerharz CD (1999) Survivin-deltaEx3 and survivin-2B: two novel splice variants of the apoptosis inhibitor survivin with different antiapoptotic properties. *Cancer Res.* 59:6097–6102.

48. Badran A *et al.* (2004) Identification of a novel splice variant of the human anti-apoptopsis gene survivin. *Biochem. Biophys. Res. Commun.* 314:902–907.

49. Caldas H, Honsey LE, Altura RA (2005) Survivin 2alpha: a novel Survivin splice variant expressed in human malignancies. *Mol. Cancer* 4:11.

50. Stauber RH, Mann W, Knauer SK (2007) Nuclear and cytoplasmic survivin: molecular mechanism, prognostic, and therapeutic potential. *Cancer Res.* 67:5999–6002.

51. Li F *et al.* (1998) Control of apoptosis and mitotic spindle checkpoint by survivin. *Nature* 396:580–584.

52. Altieri DC (2008) Survivin, cancer networks and pathway-directed drug discovery. *Nat. Rev. Cancer* 8:61–70.

53. Van Antwerp, D J, Martin SJ, Verma IM, Green DR (1998) Inhibition of TNF-induced apoptosis by NF-kappa B. *Trends Cell Biol.* 8:107–111.

54. Hoffman WH, Biade S, Zilfou JT, Chen J, Murphy M (2002) Transcriptional repression of the anti-apoptotic survivin gene by wild type p53. *J. Biol. Chem.* 277:3247–3257.

55. Vaira V *et al.* (2007) Regulation of survivin expression by IGF-1/mTOR signaling. *Oncogene* 26:2678–2684.

56. Fortugno P *et al.* (2003) Regulation of survivin function by Hsp90. *Proc. Natl. Acad. Sci. U.S.A.* 100:13791–13796.

57. Zhao J, Tenev T, Martins LM, Downward J, Lemoine NR (2000) The ubiquitin-proteasome pathway regulates survivin degradation in a cell cycle-dependent manner. *J. Cell. Sci.* 113 Pt 23:4363–4371.

58. Knauer SK, Mann W, Stauber RH (2007) Survivin's dual role: an export's view. *Cell Cycle* 6:518–521.

59. Mita AC, Mita MM, Nawrocki ST, Giles FJ (2008) Survivin: key regulator of mitosis and apoptosis and novel target for cancer therapeutics. *Clin. Cancer Res.* 14:5000–5005.

60. Knauer SK, Bier C, Habtemichael N, Stauber RH (2006) The Survivin-Crm1 interaction is essential for chromosomal passenger complex localization and function. *EMBO Rep.* 7:1259–1265.

61. Pavlyukov MS *et al.* (2011) Survivin monomer plays an essential role in apoptosis regulation. *J. Biol. Chem.* 286:23296–23307.

62. McNeish IA *et al.* (2005) Survivin interacts with Smac/DIABLO in ovarian carcinoma cells but is redundant in Smac-mediated apoptosis. *Exp. Cell Res.* 302:69–82.

63. Engelsma D, Rodriguez JA, Fish A, Giaccone G, Fornerod M (2007) Homodimerization antagonizes nuclear export of survivin. *Traffic* 8:1495–1502.

64. Wang H *et al.* (2010) Acetylation directs survivin nuclear localization to repress STAT3 oncogenic activity. *J. Biol. Chem.* 285:36129–36137.

65. Kelly RJ, Lopez-Chavez A, Citrin D, Janik JE, Morris JC (2011) Impacting tumor cell-fate by targeting the inhibitor of apoptosis protein survivin. *Mol. Cancer* 10:35.

66. Ambrosini G, Adida C, Sirugo G, Altieri DC (1998) Induction of apoptosis and inhibition of cell proliferation by survivin gene targeting. *J. Biol. Chem.* 273:11177–11182.

67. Carter BZ, Milella M, Altieri DC, Andreeff M (2001) Cytokine-regulated expression of survivin in myeloid leukemia. *Blood* 97:2784–2790.

68. Gianani R *et al.* (2001) Expression of survivin in normal, hyperplastic, and neoplastic colonic mucosa. *Hum. Pathol.* 32:119–125.

69. Chiou S, Moon WS, Jones MK, Tarnawski AS (2003) Survivin expression in the stomach: implications for mucosal integrity and protection. *Biochem. Biophys. Res. Commun.* 305:374–379.

70. Adida C *et al.* (2000) Expression and prognostic significance of survivin in de novo acute myeloid leukaemia. *Br. J. Haematol.* 111:196–203.

71. Adida C *et al.* (2000) Prognostic significance of survivin expression in diffuse large B-cell lymphomas. *Blood* 96:1921–1925.

72. Kato J *et al.* (2001) Expression of survivin in esophageal cancer: correlation with the prognosis and response to chemotherapy. *Int. J. Cancer* 95:92–95.

73. Islam A *et al.* (2000) High expression of Survivin, mapped to 17q25, is significantly associated with poor prognostic factors and promotes cell survival in human neuroblastoma. *Oncogene* 19:617–623.

74. Knauer SK *et al.* (2013) Functional characterization of novel mutations affecting survivin (BIRC5)-mediated therapy resistance in head and neck cancer patients. *Hum. Mutat.* 34:395–404.

75. Bourhis E, Hymowitz SG, Cochran AG (2007) The mitotic regulator Survivin binds as a monomer to its functional interactor Borealin. *J. Biol. Chem.* 282:35018–35023.

76. Sanger F, Nicklen S, Coulson AR (1977) DNA sequencing with chain-terminating inhibitors. *Proc. Natl. Acad. Sci. U.S.A.* 74:5463–5467.

77. Beer (2005) *Bestimmung der Absorption des rothen Lichts in farbigen Flüssigkeiten. The complete collection 1901-1922* (Wiley-VCH, Weinheim).

78. Kim J, McNiff JM (2008) Nuclear expression of survivin portends a poor prognosis in Merkel cell carcinoma. *Mod. Pathol.* 21:764–769.

79. Knauer SK *et al.* (2007) Nuclear export is essential for the tumor-promoting activity of survivin. *FASEB J.* 21:207–216.

80. Chantalat L *et al.* (2000) Crystal structure of human survivin reveals a bow tie-shaped dimer with two unusual alpha-helical extensions. *Mol. Cell* 6:183–189.

81. Engelsma D, Rodriguez JA, Fish A, Giaccone G, Fornerod M (2007) Homodimerization antagonizes nuclear export of survivin. *Traffic* 8:1495–1502.

82. Berezov A *et al.* (2012) Disabling the mitotic spindle and tumor growth by targeting a cavity-induced allosteric site of survivin. *Oncogene* 31:1938–1948.

83. Markwardt ML *et al.* (2011) An improved cerulean fluorescent protein with enhanced brightness and reduced reversible photoswitching. *PLoS ONE* 6:e17896.

84. Williams AL *et al.* (2011) Structural and functional analysis of tomosyn identifies domains important in exocytotic regulation. *J. Biol. Chem.* 286:14542–14553.

85. Lelimousin M *et al.* (2009) Intrinsic dynamics in ECFP and Cerulean control fluorescence quantum yield. *Biochemistry* 48:10038–10046.

86. Barstow B, Ando N, Kim CU, Gruner SM (2008) Alteration of citrine structure by hydrostatic pressure explains the accompanying spectral shift. *Proc. Natl. Acad. Sci. U.S.A.* 105:13362–13366.

87. Schägger H, Cramer WA, Jagow G von (1994) Analysis of molecular masses and oligomeric states of protein complexes by blue native electrophoresis and isolation of membrane protein complexes by two-dimensional native electrophoresis. *Anal. Biochem.* 217:220–230.

88. Schägger H, Jagow G von (1991) Blue native electrophoresis for isolation of membrane protein complexes in enzymatically active form. *Anal. Biochem.* 199:223–231.

89. Lo Muzio L *et al.* (2003) Survivin, a potential early predictor of tumor progression in the oral mucosa. *J. Dent. Res.* 82:923–928.

90. Pennati M *et al.* (2003) Radiosensitization of human melanoma cells by ribozyme-mediated inhibition of survivin expression. *J. Invest. Dermatol.* 120:648–654.

91. Rödel C *et al.* (2003) Spontaneous and radiation-induced apoptosis in colorectal carcinoma cells with different intrinsic radiosensitivities: survivin as a radioresistance factor. *Int. J. Radiat. Oncol. Biol. Phys.* 55:1341–1347.

92. Rosato A *et al.* (2006) Survivin in esophageal cancer: An accurate prognostic marker for squamous cell carcinoma but not adenocarcinoma. *Int. J. Cancer* 119:1717–1722.

93. Shirai K *et al.* (2009) Nuclear survivin expression predicts poorer prognosis in glioblastoma. *J. Neurooncol.* 91:353–358.

94. Wiechno P *et al.* *(2014)* A randomised phase 2 study combining LY2181308 sodium (survivin antisense oligonucleotide) with first-line docetaxel/prednisone in patients with castration-resistant prostate cancer. *Eur. Urol.* 65:516–520.

95. Carrasco RA *et al.* *(2011)* Antisense inhibition of survivin expression as a cancer therapeutic. *Mol. Cancer Ther.* 10:221–232.

96. Xiang R *et al.* *(2005)* A DNA vaccine targeting survivin combines apoptosis with suppression of angiogenesis in lung tumor eradication. *Cancer Res.* 65:553–561.

97. Mesri M, Wall NR, Li J, Kim RW, Altieri DC (2001) Cancer gene therapy using a survivin mutant adenovirus. *J. Clin. Invest.* 108:981–990.

98. Plescia J *et al.* *(2005)* Rational design of shepherdin, a novel anticancer agent. *Cancer Cell* 7:457–468.

99. Pennati M *et al.* *(2005)* Potentiation of paclitaxel-induced apoptosis by the novel cyclin-dependent kinase inhibitor NU6140: a possible role for survivin down-regulation. *Mol. Cancer Ther.* 4:1328–1337.

100. Nakahara T *et al.* *(2007)* YM155, a novel small-molecule survivin suppressant, induces regression of established human hormone-refractory prostate tumor xenografts. *Cancer Res.* 67:8014–8021.

101. Ottmann C *et al.* *(2009)* A structural rationale for selective stabilization of anti-tumor interactions of 14-3-3 proteins by cotylenin A. *J. Mol. Biol.* 386:913–919.

102. Rose R *et al.* *(2010)* Identification and structure of small-molecule stabilizers of 14-3-3 protein-protein interactions. *Angew. Chem. Int. Ed. Engl.* 49:4129–4132.

103. Thiel P, Kaiser M, Ottmann C (2012) Small-molecule stabilization of protein-protein interactions: an underestimated concept in drug discovery? *Angew. Chem. Int. Ed. Engl.* 51:2012–2018.